Huangyan Ganju

黄岩柑橘

台州市黄岩区人民政府 组编

徐建国 石学根 主编

中国农业出版社

北京

图书在版编目（CIP）数据

黄岩柑橘/台州市黄岩区人民政府组编；徐建国，
石学根主编.—北京：中国农业出版社，2018.10
ISBN 978-7-109-24611-9

Ⅰ．①黄…　Ⅱ．①台…　②徐…　③石…　Ⅲ．①柑桔类
–果树园艺　Ⅳ．①S666

中国版本图书馆CIP数据核字（2018）第212393号

中国农业出版社出版
（北京市朝阳区麦子店街18号楼）
（邮政编码 100125）
责任编辑　张　利　石飞华

北京通州皇家印刷厂印刷　　新华书店北京发行所发行
2018年10月第1版　　2018年10月北京第1次印刷

开本：787mm×1092mm　1/16　印张：9.5
字数：220千字
定价：120.00元
（凡本版图书出现印刷、装订错误，请向出版社发行部调换）

组　编　台州市黄岩区人民政府

主　编　徐建国　石学根

编写者　（按姓名笔画排序）

王　平　　王　鹏　　王允镔　　王立宏

方修贵　　石学根　　刘高平　　吴永进

吴韶辉　　张　俊　　陈　英　　陈国庆

赵　凯　　柯甫志　　聂振朋　　徐建国

黄茜斌　　黄洪舸　　黄继根　　曹雪丹

龚洁强　　鹿连明　　温明霞　　蒲占湑

序

　　地以橘名。无论走到哪里，一说到黄岩两字，就知道你来自蜜橘之乡。"橘乡"两字，与四邑富庶相牵，与一方水土相连。千百年来，蜜橘孕育了黄岩独特的地域文化基因。因了蜜橘，留住了一代又一代黄岩人关于甜蜜的味蕾、关于吉果奇妙的记忆，也使黄岩的声名远播四方。蜜橘之于黄岩，犹如丝绸之于苏杭，瓷器之于景德镇。她，融入黄岩人的骨髓。

　　黄岩柑橘，历史厚重。三国沈莹所著书中有"鸡橘子，大如指，味甘，永宁界中有之"的记载，证实了黄岩柑橘的历史不少于1 700年。南宋陈耆卿（1180—1236年）纂修的一部台州总志《嘉定赤城志》，第一次明确记载了黄岩蜜橘的品种与产地。世界第一部柑橘专著《橘录》（1178年）、"世界最早的植物学辞典"《全芳备祖》（1225年）都有黄岩柑橘的记载。元代林昉撰的《柑子记》第一次较为详细地记述了黄岩乳柑的栽培、管理、采收、运销和品质、产地等情况，并记载了黄岩生产的乳橘在唐朝时就列为皇室贡品。黄岩蜜橘在民国期间，产量就曾占浙江的十分之六，一度被专家誉为"中国之加州"。中华人民共和国成立后，黄岩蜜橘获得了一个又一个荣誉，产品行销世界，直到20世纪80年代中叶，黄岩柑橘总产量长期位居全国第一。原产黄岩的本地早被列入我国十四大柑橘推广良种，"本种可视为浙省之杰品，亦为我国橘类栽培品种之翘楚"（曾勉之，1937年）。黄岩开创了水田筑墩栽橘技术，是我国柑橘嫁接技术应用最早的产地之一，现代橘罐加工开国内先河，黄岩罐头食品厂发展成为世界"第一罐"。无论在品种选育、栽培技术、病虫防治技术、加工综合利用诸方面，独树一帜，为我省乃至全国的柑橘产业发展作出了重要的贡献，影响波及海外。

　　进入新时代，黄岩区四套班子和全区上下高度重视黄岩柑橘产业振兴，市委常委、区委书记徐淼，区委副书记、区长陈建勋，区委副书记徐华等领导亲自抓柑橘产业发展，出台了一系列政策举措。"中国蜜橘之乡"黄岩在标准化管理上迈开了新步伐，制订了原产地域产品、地理标志产品等标准，编制了《黄岩蜜橘十年发展规划（2017—2026年）》。黄岩，在新的一轮产业发展上正在阔步前进。

黄岩的柑橘科技工作者精心编撰了《黄岩柑橘》一书，传承文化，总结各项栽培管理技术，既是一项利及我国柑橘产业发展的好事实事，也是重振黄岩蜜橘雄风、推动我区乡村振兴的务实举措。

"一年好景君须记，最是橙黄橘绿时"。借此序，向为黄岩柑橘产业发展作出贡献或给予关心的各界朋友表示深深的谢意！

2018年8月

目　录

第一章
黄岩柑橘栽培历史

第一节 黄岩柑橘的由来

柑橘是世界第一大水果，全球有90多个国家和地区有种植，现有栽培面积近1亿亩*，年产1.2亿~1.4亿吨。我国是世界第一大柑橘生产国，18个省（自治区、直辖市）有栽培，2016年全国柑橘栽培面积3 800多万亩，年产量3 700多万吨。《淮南鸿烈修务训》说："古者民茹草饮水，采树木之实，食嬴（螺类）蚌之肉。……"。柑橘类植物起源于亚热带地区，恰是最适于人类活动的区域。因此，柑橘可能是最早为人类所果腹食用的水果之一，在人类进化过程中扮演着重要的角色（表1-1）。进入农业社会以后，人类由采集、狩猎果腹的生活方式，逐渐转变为以"五谷为主""五果为助"。随着轻劳化、少劳化社会的发展，柑橘等果蔬消费在膳食结构中的比重呈上升趋势。

表1-1 地球、人类与柑橘演化的历史

年　代	地质时期	地　　球
45.6亿年前	地球初期	地球诞生
40亿年前	远太古代	生命诞生
17亿年前	元古代	菌藻类开始繁盛
4亿年前	古生代	裸蕨植物、鱼类繁盛期
2亿年前	中生代	裸子植物、恐龙时代
1亿年前	中生代	被子植物开始繁盛
8 500万年前	晚白垩纪	柑橘类植物诞生
6 000万年前	新生代	喜马拉雅造山运动
440万年前	新近纪	南方古猿和地猿
300万年前	新近纪	现代人出现
250万年前	新近纪	能人和鲁道夫人，工具开始制造

---

* 　亩为非法定计量单位，1亩≈667米^2。——编著注

（续）

年　代	地质时期	地　　球
170万年前	新近纪	直立人（爪哇猿人、北京猿人、元谋猿人）
20多万年前	第四纪	早期智人（尼安德特人、大荔人、金牛山人、马坝人）
10余万年前	第四纪	晚期智人（周口店山顶洞人、柳江人）
3.5万年前	旧石器时代	人类学会使用骨器、鱼叉、骨针、壁画、雕塑
1.2万年前	新石器时代	尼罗河沿岸开始出现农业
7000~5000年前	新石器时代	浙江河姆渡文化、马家浜文化和良渚文化
4 000年前	新石器时代	《夏书》<禹贡>"扬州…厥包橘櫾锡贡。荆州…包匦菁茅。"
公元2000年	现代	人类已进入高度文明……

从现代分子生物学基因组进化分析可知，柑橘和草莓、可可、葡萄在同源进化区域，诞生于约8 500万年前的晚白垩纪。柑橘起源于我国云贵高原，是个有着数千万年繁衍历史的植物，为何处于长江下游的浙江黄岩能成为我国著名的产地呢？

一种植物，通常借水流、鸟兽或人类等的活动，从上游向下游逐渐传播、繁衍。柑橘原产地不是黄岩，也不在江南，而是在遥远的云贵高原喜马拉雅山麓，这一地区是世界上重要的柑橘起源地，已知是柑橘属3个原始种枸橼、柚、橘的重要起源地。柑橘类植物在我国的传播，经由南北两条传播路线遍及整个长江以南地区，高山峡谷为自然屏障阻碍了不同亚群之间的基因交流，促进了群体的分化。长江流域的北线，包括黄皮橘、红皮橘的橘类，沿着长江经川、渝、湘、鄂，来到江浙一带；珠江流域的南线，包括橘类、柚类，以及传播过程中生发的橘柚类、甜橙类、柑类等自然变异、天然杂交产生出的许多新品种新类型，沿着金沙江、南盘江、西江、东江流域经云贵、两广，最后也传播到闽浙一带。

在长期的自然进化和人工选择的双重作用下，与原始类型相比，柑橘的园艺学性状发生了深刻的变化，主要表现在枝干上的长刺、多刺进化为短刺、无刺，多籽演变为少籽、无籽，酸苦到甜酸适口，品种不断丰富，品质不断提高。

我国柑橘的最早文献记载《禹贡》，距今已有4 000多年。长期以来柑橘作为贡品，曾多地设有橘官、橘丞。我国柑橘的历史名产地，在长江流域有江陵千树橘（湖南常德）、洞庭红（江苏太湖）、真柑（浙江温州）、黄岩蜜橘（浙江台州）等；珠江流域有四会十月橘（广东肇庆）、罗浮柑（广东惠州）等。

黄岩，属古"禹贡扬州之域"，位于长江三角洲南侧、浙江东南沿海，位于南北两条柑橘传播线路的交汇处，以其独特的地理位置，成了中国重要的柑橘次生产地。北线传播到浙江黄岩，形成了历史上著名的乳柑、塌橘、绿橘、朱橘，近现代的本地早、乳橘、早橘、槾橘、朱红等。南北两条柑橘传播路线，尤其是南线形成的甜橙与北线的黄皮橘类，在这一地区形成了诸如本地广橘等地域特色品种。600多年前，日本留学僧智惠来浙江天台山国清寺学习，从黄岩携本地广橘等柑橘归国，播种在鹿儿岛的长岛鹰巢地方，经变异选育出温州蜜柑并在各地广泛栽种，成为世界上第一大宽皮柑橘品种。

其二，柑橘类果树本身的独特性，生态适应性。据地质学家考证，云贵高原地区原为海水淹没的海湾，堆积了深厚质纯而面积广大的石灰岩。距今约2亿年前的中生代三叠纪晚期，印支运动爆发，地壳隆起拗陷交替出现，沉积物不断堆积，地壳逐渐加厚。距今6 500万年新生代以来地面迅速抬升，高原形成，距今约3 600万年至5 300万年前的第三纪始新世时期，发生了喜马拉雅造山运动，促进了云贵高原的形成，以及包括柑橘类植物在内的被子植物高度繁盛。温暖湿润的海洋性气候条件，与起源地的生态条件相类似，使得柑橘类植物在黄岩得以繁衍兴盛。唐宋时期，正值气候温暖与寒冷的变换期，隋唐时代气候尚暖，皇宫（位于今西安）所种柑橘，都能年年硕果累累。南宋开始气候转冷，柑橘的种植界限南移，太湖东、西洞庭山产区逐渐不太适合柑橘的栽培，比之更为温暖的浙江东南沿海地区，取而代之成为柑橘主要产区。

黄岩成为我国最著名的柑橘产区，同时也得益于中国历史文明发展的传播，唐宋时代以来，江浙一带成为我国经济社会最发达的地区，南宋偏安江南，定都临安（今杭州），中国政治文化中心南移，大量中原人士络绎而至，带来了长江上中游的先进技术，社会经济渐臻鼎盛。同时，黄岩东部为平原、中部为丘陵缓坡和西部山区，西北有高山，东南为平原，一面临海，永宁江横贯全境，为气象学上典型的冷空气"难进易出型"地形，春夏水热同步，秋冬光温互补，冲积土土层深厚，富含有机质与矿质营养元素，惟土壤稍带盐碱不利柑橘生长发育。得天独厚的生态气候条件，为柑橘在黄岩的定着与发展提供了良好的地利条件，也在很大程度上促进了农业的发展，柑橘生产由长江上中游逐渐向江浙转移，使得更多的柑橘种类传入。温州蜜柑的原种——本地广橘诞生于此，就是长江传来的"橘"与南线传来的"甜橙"在这里杂交的结果。

第二节　黄岩柑橘发展历程

一、历代柑橘发展

黄岩，虽不是柑橘的起源地，然而栽培历史悠久。有史籍可据的可上溯到三国时代。三国时东吴沈莹所撰的《临海水土异物志》（264—280年）载："鸡橘子，大如指，味甘，永宁界中有之"，这里的"鸡橘子"指的就是柑橘类植物，说明当时已有先民在黄岩种植柑橘，距今已有1 700多年历史。今天，我们仍可在黄岩的山水间不时觅得野生的山金柑（图1-1）。

唐宋时代，我国柑橘类栽培的名产地也从长江上中游、太湖流域，逐渐转移到了长江下游的江浙一带，而气候适宜的浙江东南部更成为当时新兴的柑橘名产地。南宋台州知府曾惇有诗曰："一从温台包贡后，罗浮洞庭俱避席"。北宋欧阳修等所撰的《新唐书》（1060年）中，有"台州土贡乳橘"的记载。陈耆卿（1223年）撰《嘉定赤城志》，第一次明确记载了黄岩蜜橘的品种与

图1-1　散落野生于黄岩山径间的金豆

产地。同时代的陈景沂（1225年）撰的《全芳备祖》，在抄录了韩彦直的《橘录》（1178年）之后说，"韩但知乳橘出于泥山，独不知出于天台之黄岩也。出于泥山者固奇也，出于黄岩者，尤天下之奇也。"

至宋代，黄岩柑橘有了更大的发展。据《柑子记》说，"台之州为县五，乳柑独产于黄岩。黄岩之乡十有二，而产独美于备礼之断江。地余四里，皆属富人"，"断江之东为新界，西跨江，北为新南，地皆宜柑"。到元代，每年贡柑二万三千颗。

韩彦直的《橘录》（1178年）、陈景沂的《全芳备祖》（1225年）虽都提及黄岩的柑橘，但早期的史料并不多，而较为系统的记载更属凤毛麟角。直到700多年前宋元交替年间的黄岩半岭（今温岭石桥头）人林昉，在《柑子记》中第一次较为详细记述了黄岩乳柑的栽培、管理、采收、运销和品质、产地等情况（图1-2），是继《橘录》之后非常珍贵的柑橘文献，对考察了解我国柑橘的栽培历史有着重要价值。

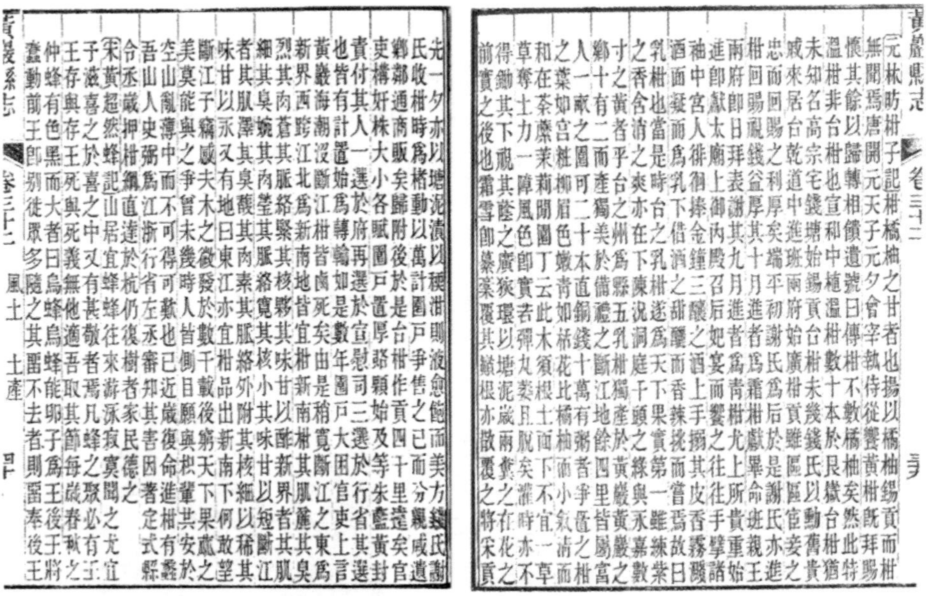

图1-2　林昉《柑子记》原载〔光绪〕《黄岩县志》

《柑子记》开首即有"柑，橘柚之甘者也。扬以橘柚锡贡，而柑无闻焉"句。柑，现代园艺学认为是橘与橙的杂交种，我国的著名柑类有温州蜜柑、瓯柑，多产生于浙闽粤地区。这是由于从华南沿海岸线向北发展的亚热带性橙类和从长江下游向南发展的温带性橘类，汇集在具有海洋性和湿润气候特点的浙闽粤沿海地区，并杂交形成柑类。林昉认为的"柑"比"橘、柚"更晚产生的这种说法，是符合现代科学道理的。

《柑子记》提及的"此木须根土面下，不宜一草，草夺土力"，"灌时亦不得锄其下，视其荫之广狭，环以塘泥。岁两粪之，在花之前、实之后也。霜雪即纂蒿覆其巅，根亦散覆之。将采贡，先一夕，亦以塘泥渍以糯泔，则液愈饱而美"等技术，历数百年而不废，春季开花前和果实采收后是柑橘年间必须施肥的时期，林昉的记载说明此项技术最迟在元代已经成熟应用，这些仍然是今日柑橘优质栽培采用的技术，有着重要的参考价值。

我们还从林昉的描述中，确认了"断江"（今头陀镇断江村）一带为黄岩蜜橘栽植始祖地。"台之州为县五，乳柑独产于黄岩。黄岩之乡十有二，而产独美于备礼之断江"。断江之柑，"其肌泽，其臭馥，其肉素，其脉络外附，其核细以稀，其味甘以永"，有"天下果实第一"之美名。

明清时期，随着社会经济的稳定与繁荣，黄岩柑橘再度得到长足发展。明初永乐年间（1403—1424年），日僧智惠来天台山进香，归途购食黄岩柑橘，携种返日本九州大仲岛（今鹿儿岛）播种，育成温州蜜柑。

到了明正德（1506—1521年）、万历年间（1573—1620年），黄岩城西南遍栽橘柚。以柑橘为主要收入的农户有数百家，城关还形成了柑橘交易市场。万历七年（1579年），知县袁应祺延请牟汝忠等编纂《黄岩县志》7卷，内土产卷记载柑橘。黄岩有果木23种，其中柑橘品种就有11个之多。

清代商业、交通日渐发达，黄岩柑橘业也日渐兴盛。清同治年间（1862—1874年），黄岩柑橘商业兴起，橘商由1家发展到7家，用木帆船装运柑橘（朱红为多）至嘉兴的乍浦，转销苏州、杭州、上海等地。1877年，王棻、王咏霓总纂成的（光绪）《黄岩县志》，记载了黄岩17个柑橘品种。光绪廿二年（1896年），椒沪轮船通航，柑橘逐渐由乍浦直运上海，先有"老海门"，又有"最阳丸""灵江""永宁""永利"4轮加入，橘商发展到10家。宣统二年（1910年），黄岩蜜橘在南京"南洋劝业会"展出，获得赞誉。

民国初年，黄岩蜜橘以熟期早、品质好，开始扬名沪上，并渐播名宇内。黄岩籍客居上海书法家刘文玠，以"天台山农"笔名命名本地早为"天台山蜜橘"，以品质优良而声誉遍布，为黄岩蜜橘的扬名作出了独特的贡献（图1-3）。到了民国四年（1915年），黄岩柑橘

图1-3　1921年上海《大世界》报纸上的黄岩柑橘广告（刘天学提供）

参加北京的"巴拿马万国博览会"预展获奖，声誉日隆。这些影响力的扩大，促进了柑橘栽培面积迅速扩大，逐渐形成了澄江老橘区。

由于进贡等需要大量收购柑橘，大大激发了黄岩橘农的生产积极性，促进了柑橘业的发展。《中国实业》（1932年）载浙江省"全省水果210万担，其中柑橘62.27万担。以黄岩最有名，产量也最多，年产量达60万担，占全省柑橘总产量的96.4%。"这从另一则史料足可佐证，1928年的《石浦柑橘园集股启》闻黄岩产橘，"沿江三十里，碧树红果，弥望皆是。居民以此治，一偶所入百余万元（每亩所入自七、八十元至二、三百元），十亩之园，足瞻八口，美艳羡之。欲效其所为，以为治生之计，惜该处地价日高，亩值二百余元，且参差错踪，广五十亩即不易得"。章恢志《浙江省永嘉、瑞安、平阳及黄岩柑橘调查报告》（1932年）中写道：黄岩"东自江口，沿永宁江、西江、南官河及其他支流两岸俱成橘园。全县栽培面积约有1.5万余亩，产值约120万元"，产量1.5万吨多，每年运销上海等地的鲜橘30万～40万箱，最高的达60万余箱。1936年，国内知名柑橘专家曾勉之博士在考察黄岩柑橘产区后，撰文预言"将来黄岩，不啻我国之加州（美国著名柑橘产区——编者注）。"1948年，黄岩柑橘栽培面积872公顷，产量2.27万吨，成为国内首屈一指的著名柑橘产地。

二、中华人民共和国成立后柑橘发展历程

中华人民共和国成立后，是黄岩柑橘发展的全盛时期，大致经历了三个阶段：

1. **黄岩柑橘恢复生产发展时期**　大致时间为1950—1982年。由于采取了一系列鼓励种橘的政策措施，出现了盛况空前的柑橘"上山下滩"生产热潮，使柑橘生产进入大发展时期，黄岩成为全国第一个由国家收购橘果和全国最早对外出口鲜橘的产地。1952年全县柑橘栽培面积为1 539公顷，产量超过了1950年前的最高水平，达到2.39万吨，柑橘鲜果开始出口苏联，打开国际市场，20世纪60年代作为我国对外交往的礼品。1958年创建黄岩柑橘罐头食品厂，开始生产糖水橘片罐头，其产品远销欧洲、加拿大、美国、日本等。1972年全县柑橘面积发展到3 168公顷，总产量达5.5万吨，占全国总产量的17%，居为首位。从那时起，从西山区到东海滨，黄岩成为名副其实的橘乡，黄岩柑橘逐渐步入产业化发展轨道。到1982年全县柑橘栽培面积达4 134公顷，当年产量为4.58万吨，柑橘亩产量和总产量，一直居全国县市首位（图1-4）。

图1-4　20世纪60年代的橘乡黄岩

2. 黄岩柑橘产业旺盛发展时期　大致时间为1983—2001年。改革开放后，随着农村责任制的实施，以及1984年柑橘购销管理由二类产品调整为三类，实行议价议销，多渠道流通，柑橘产业呈现出快速发展态势，尤其是1986年3月，原黄岩县委、县政府专门成立了柑橘一品化建设委员会，指导柑橘生产、销售和加工，使黄岩柑橘产业形成了紧密的产业化链，有力地推动了柑橘生产基地建设、果品市场建设和罐头食品加工业发展。1983—1993年柑橘进入快速发展阶段。1983年区域调整，划出海门、三甲、洪家等区，全县柑橘面积为3 786公顷，1985年产量突破6万吨；1993年全县柑橘面积发展到6 791公顷，产量12.9万吨。此外，黄岩充分发挥资源和技术优势，推进柑橘苗木繁育与推广，1985—1993年向省内外提供柑橘苗木3 726万株，其中1985年和1986年出运柑橘苗木分别为1 022.1万株和1 065.7万株，有力地推动了全省及至全国柑橘生产的发展（图1-5）。

图1-5　1990年的黄岩橘乡风貌（童建华　摄）

1994年后，黄岩撤市设区，划出路桥区域，全区柑橘面积仍有5 930公顷，常年产量约11.5万吨，1998年产量最高达13.88万吨。此后，柑橘生产数量扩大速度减缓，以调整品种结构稳定面积、提高质量为目标，柑橘产业化又取得了较大发展。1996年黄岩被国务院农村政策研究室等单位命名为"中国蜜橘之乡"，1999年又被农业部列为全国优质柑橘生产基地。黄岩蜜橘在全国历次评比中屡获大奖，代表品种本地早是浙江省人民政府认定的名牌产品，并连续获1995年、1997年、1999年、2001年全国农博会金奖。1997年新建了华东地区规模最大的黄岩柑橘果品市场，占地100亩，年交易能力10万多吨，年交易额达3亿多元。1999年黄岩区出口柑橘罐头6万多吨，其中黄罐集团出口4.2万吨；2000年占世界出口量的1/4、全国的1/2，黄罐集团出口量为全国首位，成了名副其实的"全国第一罐"。2001年新建成亚洲最具规模的食品罐头加工园区，以黄罐集团为首的水果加工企业年加工能力提高到25万吨，出口橘罐8万吨，成为亚洲第一、世界领先的大型水果罐头加工园区。

3. 黄岩柑橘发展优化提升时期　大致时间为2002年以后。随着黄岩城市和工业园区建设的不断加快，种橘比较效益偏低，大量橘农从工从商，加上柑橘黄龙病的发生为害，柑橘种植面积、产量呈逐年下降的趋势，2016年全区柑橘面积为4 090公顷、产量6.5万吨，与2001年相比面积和产量减幅分别为29.9％和43.5％。按照着力打造浙江精品果业和发展现代农业的战略部署，围绕"品种、品质、品牌、安全、高效"的目标，大力实施名果工程，积极推进柑橘产业向现代农业转型升级。尤其是2008年黄岩区委区政府成立了"黄岩蜜橘（名果）产业发展工作领导小组"，出台了《关于加快黄岩蜜橘（名果）产业发展扶持政策的意见》，并委托浙江省柑橘研究所编制了《黄岩蜜橘产业发展规划（2009—2020年)》。使黄岩柑橘品种结构进一步优化，精品基地规模不断扩大，全区已建成柑橘优质基地2 000公顷，其中精品基地400公顷，建成了浙江省现代农业主导产业——黄岩蜜橘示范区。2004年，黄岩蜜橘获得国家原产地域产品保护，入选浙江省"十大名牌柑橘"；2008年"黄岩蜜橘"证明商标重新注册使用，"黄岩蜜橘"牌黄岩蜜橘被评为浙江省名牌农产品；2009年"黄岩蜜橘"牌商标被认定为浙江省著名商标；"黄岩蜜橘"牌本地早授予浙江省十大名牌柑橘；2010年黄岩蜜橘荣获浙江省区域名牌产品；2012年黄岩蜜橘获评最具影响力中国农产品区域公用品牌100强，2013年和2015年黄岩蜜橘被评为中国名特优新农产品；2017年黄岩蜜橘获"浙江知名农产品区域公用品牌"称号；编制了《黄岩蜜橘十年发展规划（2017—2026年)》。与此同时，深入挖掘千年橘文化，拓展柑橘功能，在柑橘始祖地澄江凤洋村、头陀断江村一带建设柑橘文化观光园，于2005年启动中国柑橘博物馆建设，2008年11月23日主体落成暨柑橘博物馆临时展厅开馆，已成为对外宣传与观光休闲旅游的重要基地。为迎接中国柑橘学会2018年年会在黄岩召开，中国柑橘博物馆、柑橘博览园将以崭新的面貌展示橘乡黄岩的新风采。

第三节　品种的演变

黄岩蜜橘产地虽远离柑橘的原产地，但是一种栽培植物的传播与繁衍有其一定的规律。从地理植物学看，物种从起源地向下游的繁衍过程，通常表现为品种类型的多样性和品质的改善提高，这不仅在柑橘类植物上表现如此，同样起源于青藏高原的茶叶、枇杷等的品种演变，也有类似的现象。品种多样，风味各异，正是黄岩柑橘的一大特色，而这种品种的优良性和多样性又构成了黄岩柑橘名产地的另一个重要因素。

黄岩以出产宽皮柑橘而著名，在其生产发展的历史长河中，黄岩的柑橘品种也逐渐增多，并逐步形成5个传统品种和3个特产品种。三国时黄岩出产的有鸡橘子（金柑），唐代乳柑被列为贡品，南宋《嘉定赤城志》（1223年）记载的品种有榻橘、绿橘、乳橘、朱橘、香橙、绵橙、皱橙、朱栾、香栾、密罩等10多个品种。元代见于《柑子记》的有乳柑，包括青柑和霜柑。到清代中晚期，黄岩柑橘逐渐形成五大主栽品种。明万历七年（1579年）《黄岩县志》记载黄岩果木23种，其中有橘、乳柑、花柑、朱柑、金柑、杏橙、绵橙、柚、朱栾、香栾、密罩、金豆。

清代，柑橘品种类型更为丰富。光绪《黄岩县志》载"有乳橘、朱橘等种。乳橘有三种，九月熟者曰早橘，十月熟者曰蜜橘，细者曰金弹，亦名金柑，一名罗浮。柑有花柑、朱柑、金柑，惟乳柑最佳。橙有青橙、皱橙、香绵橙等种。朱栾，俗呼沙柑，又有香栾、密罩二种。柚，大者如瓯盂。"还有"金豆、金橘"。晚清形成了早橘、本地早、乳橘、朱红、槾橘五大品种，其中以早橘为最多，占53.81%，以下次第为槾橘、朱红、本地早、乳橘等。

民国年间，又陆续从海内外引入许多柑橘品种。有美国的华盛顿脐橙、刘勤光甜橙；广东的汕头蜜橘（椪柑）和暹罗蜜橘（蕉橘），福建漳州的红肉文旦、白肉文旦。浙江省园艺改良场1936年成立后，从日本引进温州蜜柑宫川、龟井、松木、大长、尾张5个品系；从台湾田中柑橘试验场引进华盛顿脐橙、汤姆逊脐橙和温州蜜柑；从广东、福建等地引进椪柑、蕉柑、新会橙、沙田柚，建立了品种园。

20世纪70年代的早橘、槾橘与本地早蜜橘仍为黄岩橘区的三大品种，到80年代才逐渐为温州蜜柑、槾橘、本地早蜜橘的新三大品种所取代。

目前，黄岩蜜橘以本地早蜜橘，为黄岩原产柑橘，又名"天台山蜜橘"，果形较小，呈浓橙黄色，味甘，鲜美，汁多，核少，品质极上。当地有"讲功饭店嫂，吃功本地早"之说，在黄岩蜜橘中首屈一指，在国内外市场上享有很高的声誉。"本种可视为浙省之杰品，亦为我国橘类栽培品种翘楚"（曾勉之，1937年）。早橘，色黄，形扁圆，果形中等，果皮细腻，且富光泽，汁多味佳，甜酸适中。因其成熟最早，而味酸甜适口，在古代就为皇家所贵重，作为"荐新"之物供皇家尝鲜，在早熟温州蜜柑推广之前，作为"黄岩蜜橘"在上海市场独领风骚，曾作为出口苏联等国家的主打品种，备受欢迎，行销最广。槾橘，以形似馒头而得名。它的果皮凹点明显而松脆，肉质柔软而多汁，是一个耐贮的迟熟品种，可以存放到春节前后食用。乳橘，又名"金钱蜜橘"，果只小，扁圆形，皮薄而光滑，味甜而香浓，色泽鲜黄，品质上乘。

中华人民共和国成立以后，先后自国内外引种50多次，引入温州蜜柑、椪柑、脐橙（俗称抱子橘）、甜橙、柠檬、金柑、文旦、葡萄柚、橘橙、橘柚等180余个品种类型。21世纪以来，品种引种力度得到进一步加强，柑橘类植物的各种类群均有引进，目前搜集保存柑橘种质资源500余份，尤以宽皮柑橘及其近缘的橘橙、橘柚类宏富见长，成为我国重要的品种资源保存中心之一。同时，又选育出新本1号、东江本地早、满头红、439橘橙、红玉柑、凯旋柑、刘本橙、印早橙、槾文柑、印柚橙、甜柚橙、雪夏橙、槾本橘等，为柑橘家族增添了不少新品种。

在黄岩蜜橘品种的发展史上，还流传着一段中日友好交往的佳话。温州蜜柑，是源自黄岩的世界著名柑橘品种，当前世界上栽培最多、最广泛的宽皮柑橘品种，以中国、日本栽培居多，年产量近800万吨，占世界宽皮柑橘总产量的1/4强，选育出逾300个品种（品系），品质优良，栽培容易，抗逆性强，适应性广，成熟期从9月上中旬延续至翌年3月。20世纪初叶，温州蜜柑引回黄岩以及其他一些地方，目前已成为我国的主栽品种。由于温州蜜柑原由黄岩品种实生变异而来，引起国内外学者和橘农的浓厚兴趣，络绎不绝来黄岩考察。

本地早，别称天台山蜜橘，为鲜食和橘罐兼用种，"为黄岩橘中品质之最佳者"（谢成珂：黄岩柑橘调查报告，浙江省园艺改良场，1937年），被"视为浙省之杰品，也为我国橘类栽培品种中之翘楚"（曾勉之：关于浙江黄岩柑橘之认识，1937年），在国际市场上享有很高的声誉，是世界宽皮橘类中的珍品。原籍黄岩的天台山农刘文玠1921年在上海大世界日报上推介，引起轰动，饮誉沪上。本地早是黄岩柑橘的主栽品种，近年来，经珠心系选育的'东江本地早'成熟期提早7~10天，品质更优，在生产上得到推广应用。

第四节　栽培技术的演变

黄岩柑橘历来种在永宁江（澄江）沿岸冲积土和平原水稻田土，一般采取筑墩栽植，以稀植为主，每667米^{2}栽培40～50株；橘园很少进行深翻，习惯于"一雨一削"、轻微而精细修剪等传统栽培管理方法。中华人民共和国成立后，为了推进柑橘生产发展不与粮棉争地，1953年开展柑橘上山试验，1957年开展柑橘海涂试种，改变了传统只在平原栽培扩展到山地和海涂栽培。并随着生产条件的不断改善，柑橘品种的不断更新，与之相适应的柑橘栽培技术也不断创新发展。

一、筑墩栽橘

徐霞客游历黄岩时，留下"未解新禾何早发，始知名橘须高培"的诗句。其中的"名橘须高培"指的就是筑墩栽橘。在漫长的植橘历史长河中，"筑墩栽橘"是黄岩橘农根据独特的地理条件，总结出的柑橘高产优质生态系统。南宋韩彦直将此总结在他的《橘录》中。泰国、马来西亚及印度尼西亚等仿照中国浙江省黄岩一千多年前的栽培方法，在海边作窄畦栽培（第一届柑橘国际会议论文集《太平洋地区的柑橘》，1969年）。在筑墩栽培基础上，演化出了起垄栽培、限根栽培等现代柑橘栽培技术（图1-6，图1-7）。

图1-6　柑橘筑墩栽培

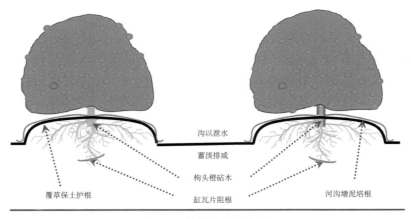

图1-7　筑墩栽培示意图

二、嫁接技术

黄岩向以嫁接法繁育柑橘苗木，但旧法嫁接，多用大砧木切接法，育苗速度慢，工效低。20世纪60年代初，为适应柑橘大发展需要，提倡快速育苗，逐步推广芽接技术，在切接上改多芽切接为单芽切接，改包棕箬为塑料薄膜包扎，芽接也改培土法为薄膜包扎法；80年代后，柑橘育苗和高接换种技术得到了推广应用，有效地推进了柑橘品种结构调整，快速推广良种，实现早投产，增加经济效益。

三、土壤管理

1. 土壤管理方式改进　过去习惯于精细管理方式，使土壤结构受到损害，水土流失较重，自20世纪70年代开始推广橘园生草、覆盖等方式，现已全面普及。

2. 施肥技术　1950年后柑橘施肥，主要施入河泥、人粪尿、厩肥（猪牛栏肥）等有机肥，提供柑橘生长结果必需的养分。20世纪70年代以来，化肥普遍应用于柑橘生产；1985年后实施配方施肥，推广柑橘专用混合肥料，使柑橘营养元素渐趋均衡；进入2000年后，实施柑橘提升工程，减少化肥用量，推广应用有机肥，提高橘园土壤肥力，尤其是2017年黄岩区被列入农业部果菜茶有机肥替代化肥示范县项目，加快了柑橘有机肥推广应用。

四、大枝修剪

20世纪50年代，大力提倡修剪，开始整修细弱枝和内腔荫蔽枝；70年代初期，提出了按品种、按树势、按花量修剪的新方法，使修剪技术逐步适应于培养丰产树冠取得高产优质的需要；90年代，吸收国外柑橘管理经验，全面推广大枝修剪技术，控制树冠高度，培养凹凸形树冠，促进内腔结果，且省力省工，操作简化。

五、保花保果

橘农传统的保果措施是摘六月梢，此法费力，并受雨天的限制。20世纪60年代研究推广柑橘环剥技术，对矫治不结果本地早和其他低产树取得明显效果；70年代推广赤霉素、2,4-D和防落素等植物生长调节剂保果；1990年后，在生产上改用喷布叶面营养液保果，得到广泛应用。

六、完熟采收和设施栽培技术

1952年全县推行"柑橘采收十大注意"，提高了采收柑橘的质量，有效地减少了腐烂损失，明显地提高经济效益（图1-8）。1996年开展柑橘温室栽培试验，2000年后柑橘完熟采收技术得到大力推广，柑橘大棚延后栽培面积也不断扩大，克服了柑橘"露天"生产条件下的霜冻、寒风、降雨等问题，确保柑橘果实发育，提高品质，且延长柑橘采收时间，丰富市场，提高经济效益显著。

七、生产机械化

1996年黄岩作为全省第一批从韩国引进小型柑橘自动选果机，开展示范推广，改变了

图1-8　20世纪60年代柑橘采收（黄岩博物馆提供）

以前手工选果为主的落后状况。目前，全区推广应用柑橘商品化处理设备16台，柑橘机械选果率占30%以上。近年来，果园轨道运输车、小型割草机、开沟机、枝条粉碎机、肥水一体化等先进机械已不断推广应用。

八、病虫害防治

20世纪40年代黄岩就应用松碱合剂防治吹绵蚧、地衣、苔藓。1949年后柑橘病虫害防治技术进步很快，化学防治得到普及，开展冬季清园，春季喷药，基本消灭恶性叶虫、潜叶甲、花蕾蛆的为害；1956年，繁殖大红瓢虫，扑灭了吹绵蚧灾害。60年代，推广毒饵及黑光灯诱杀防治吸果夜蛾，取得了很好的防治效果；80年代以来，大量应用化学农药防治，主要是加强清园工作，开展病虫测报，抓住关键期适时防治，有效地保障了柑橘丰产优质。90年代后，开展柑橘优化防治，选用高效、低毒的农药进行防治，提倡使用传统的机油乳剂、矿物油等，推广橘园安置频振式杀虫灯、人工释放捕食螨天敌等技术，实施无害化防治、绿色防控技术。2000年以来，开展了为害果实的黑点病的综合防治试验示范，提高果实外观质量成效显著。

九、标准化技术

总结了科学研究成果和长期生产经验，形成优质丰产高效的黄岩柑橘标准化生产技术。1987年编制了黄岩地方系列标准《柑橘综合生产技术》经台州地区标准计量所批准颁布实施；1999年编制了黄岩地方标准《黄岩本地早蜜橘》（DB331003/T 4—1999）由黄岩区质量监督局颁布实施；2004年编制国家标准《原产地域产品　黄岩蜜橘》（GB 19697—2005）、2008年完成修订国家标准《地理标志产品　黄岩蜜橘》（GB/T 19697—2008）由国家质量监督检验检疫总局、国家标准化管理委员会发布实施。2008年黄岩蜜橘生产被列为全国农业标准化示范项目实施，促使黄岩柑橘向优质、节本、高效、生态、安全的目标发展。

（徐建国　龚洁强）

第二章
黄岩自然环境条件

第一节 气　候

"橘生淮南则为橘，生于淮北则为枳"，出自2 000多年前《晏子春秋》的这句话，道出了我们栽培柑橘的界限。柑橘原产于亚热带地区，气候对柑橘栽培有较大的影响。柑橘类果树除枳外都是常绿植物，性喜温暖而畏霜冻，在我国主要分布于长江以南。柑橘被认为是我国南北分界的重要指示植物之一。

黄岩气候属亚热带季风气候区，温暖湿润，四季分明。冬、夏季风交替显著，四季冷暖干湿分明，夏少酷暑，冬无严寒，晚秋时旱。近十年（2006—2015年）黄岩气象资料统计，太阳总辐射量为103.2 ~ 113.0千瓦/厘米^2；年日照时数为1 294 ~ 1 914小时；年平均气温为18.6℃，最冷月1月份平均气温7.3℃，极端最低气温−3.7℃（2009年1月25日）；≥10℃年有效积温为5 471 ~ 6 279℃，无霜期持续天数为255 ~ 304天；年降水量为1 079 ~ 2 169毫米，其中10月至翌年5月，月降水量大多在100毫米以下，5 ~ 9月为150 ~ 300毫米；年平均相对湿度为59% ~ 76%，光照充足，雨量充沛，热量较优，光、热、水的组合良好（表2-1，表2-2）。表现为春夏季的水热同步，秋冬季的光温互补，既有利喜温性的亚热带柑橘生长发育，又有较好的越冬条件。随着全球气候温暖化，年日照时数、年平均温度、无霜期、降水量均有明显的增加，果实发育后期的降水量少，有利于柑橘的生长发育，扩大了品种选择范围。黄岩为宽皮柑橘栽培最适宜区。春夏之交的"雨热同步"和秋季的"光温互补"特殊气候条件，保障了开花坐果和果实发育，有利于植株生长和品质提高，使黄岩蜜橘以品质优异而著称，具有先天的地理优势条件。

由于地处北亚热带，早春回暖比我国南方橘区慢，花期迟，盛花期常近4月底；此时若遇高温，易引起落花落果；7 ~ 9月，夏秋旱、台风强降雨时有发生，易日灼、裂果；雨量分布不够均匀，春夏多雨，地势低洼、土层浅的橘园，易发生积水现象；秋冬季时遇少雨，干旱影响柑橘正常的生长发育；11月中下旬后有霜冻，不适于果实露地越冬；冬季可能会出现−5℃或更寒冷的气温，易发生不同程度的冻害。

表2-1　2006—2015年黄岩气象资料

年份	降水量（毫米）（黄岩局站）	气温（℃）（黄岩局站）	日照时数（小时）（洪家站）	≥10℃年有效积温（℃）（黄岩局站）	无霜期天数（洪家站）	相对湿度（%）（黄岩局站）
2006	1 480.4	19.1	1 719.3	6 151.1	278	68
2007	1 862.4	19.4	1 849.4	6 278.6	304	66
2008	1 453.3	18.5	1 788.1	5 804.4	258	65
2009	1 653.1	18.8	1 805.2	5 713.3	265	66
2010	2 123.4	18.2	1 707.0	5 470.8	255	69
2011	1 078.5	18.1	1 701.9	—	268	60
2012	1 556.2	18.1	1 696.3	5 935.0	280	59
2013	1 818.6	18.8	1 914.0	6 077.9	267	71
2014	2 168.6	18.5	1 641.3	5 939.2	265	75
2015	1 941.4	18.6	1 293.7	5 853.4	304	76
平均	1 713.6	18.6	1 711.6	5 913.7	274	67

表2-2　黄岩近十年（2006—2015年）平均逐月降水量

月份	1	2	3	4	5	6	7	8	9	10	11	12	全年
降水量（毫米）	49.1	69.9	118.0	91.1	166.2	256.2	215.6	314.8	197.6	79.6	84.5	71.1	1 713.6

第二节　土　壤

据《黄岩土壤志》（1986年）记载，黄岩区内土壤类型共分4个土类，11个亚类，31个土属，92个土种，涉及平原、河谷、丘陵、山地等多种地形。土类有红壤、黄壤、潮土和水稻土。红壤主要分布在海拔600～700米以下的低山丘陵区，面积538.49千米²，以种植水果为主，亦有一部分低丘缓坡山地种植甘薯、马铃薯和大麦、小麦等旱粮作物；黄壤分布在西部海拔600～700米以上山地，面积144.81千米²，主要为林业基地；潮土分布在冲积平原，海拔3～50米，面积33.19千米²，主要种植旱粮和柑橘等果木，是河谷平原和山口冲积平原的主要土壤；水稻土遍及平原和山区，面积271.51千米²。红壤土类包括红壤、黄红壤和侵蚀型红壤3个亚类；黄壤土类包括黄壤和侵蚀型黄壤2个亚类；潮土土类包括潮土和钙质潮土2个亚类；水稻土包括潜育型水稻土、渗育型水稻土、脱潜型水稻土和潴育型水稻土4个亚类。

据考证，黄岩蜜橘发源于永宁江两岸断江、凤洋、新界一带，以潮土、水稻土为主，土层深厚，结构疏松；有机质含量高，土种以涂性培泥沙土和涂性培泥沙田为最佳。高海拔地区红壤、黄壤土类需加强土壤改良，并注意冻害防治。

　　柑橘的优质果实生产，要求土壤具有土层深度中等（1米左右），有机质达2%～4%，pH在5.0～6.5之间，质地较轻，适宜于沙土、沙壤土、壤土和黏壤土，偏好物理性状良好的沙土和沙壤土，通气良好，含氧量在2%～8%，地下水位在1.0米以下。黄岩区土壤类型丰富，海拔700米以下的低山丘陵，以红黄壤为主，土层深厚，偏酸性，有机质含量略低；紫色土和潮土分布永宁江河谷边缘地带的低丘，部分滨海盐土，虽然土质黏重，经过数十年的改良，绝大部分土壤适宜柑橘种植。东中部河谷水网平原的冲积土、洪积土及滨海沉积土等土壤，土层深厚，有机质含量高，氮、磷、钾、钙、镁及微量元素丰富。目前，黄岩柑橘多为山地种植，一般在南、东、西坡种植，种植区海拔高度在300米以下，山下平地区域也有较多分布。部分山地橘园地势较陡，土壤为石夹泥，肥力较差；部分水田果园因地下水位过高等原因，果实品质不及山地果园，在冻害发生时所受影响更大。

（王立宏　陈　英　徐建国）

第三章
柑橘资源与主要品种

第一节　黄岩柑橘种质资源及选育品种

黄岩柑橘栽培历史悠久，品种资源丰富。传统种植的品种资源有早橘、本地早、槾橘、乳橘、朱红橘、本地广橘、枸头橙、小红橙等。在传统品种基础上，经田间选种和杂交育种获得多个新品种，如新本1号、东江本地早、满头红、红玉柑、红柿柑等。

一、早橘

早橘是黄岩传统品种之一，原产黄岩，又名黄岩蜜橘。历史上，曾经是黄岩县域栽培面积最大的品种。据黄岩橘果改进会（1949年）统计，产量占全县70%，大部分销往上海、宁波等地。果实10月初开始转色，11月上旬成熟。丰产性较好。

该品种（图3-1）树势强健，树冠呈自然圆头形，结果枝条较直立不披垂。叶片椭圆形，钝尖。果实扁圆形，单果重80～100克。大部分有脐，果顶浅凹，果面光滑，果皮黄色，皮较薄，有特殊香味。从外观看可见囊瓣凸出的形状，中心柱空。果汁酸甜适中，可溶性固形物含量11.0°Brix，每100毫升果

图3-1　早　橘

汁酸含量0.6克。囊壁化渣性不好，大部分有籽，品质中等。

二、本地早

本地早蜜橘，又名天台山蜜橘。原产浙江黄岩，系黄岩柑橘历史栽培的主栽品种之一，曾被列为我国十四大柑橘良种之一，江西、福建等省有引种栽培。成熟期11月中旬，较丰产。

该品种（图3-2）树势强健，树冠呈自然圆头形，枝梢细密，叶缘锯齿明显，翼叶小，线形。果实扁圆形，较小，单果重50～80克，果形端正，顶端微凹。果皮橙黄色，略显粗糙，皮厚2毫米，易剥离。果肉橙黄色，组织紧密，柔软多汁，可溶性固形物含量12.0°Brix，每100毫升果汁酸含量0.7克。单果种子数2.4粒，可食率77.0%，味甜酸少，有香气，囊壁薄，化渣性好，品质优良，是鲜食和制罐兼优的品种。果实贮藏性中等，可贮至翌年1月底，较丰产。

本地早蜜橘耐寒耐涝耐盐碱，也是优良的砧木品种，可作为沿海盐碱土种橘的砧木，适宜嫁接温州蜜柑、杂柑及本地早蜜橘，嫁接树长势中等偏强，不易早衰，经济寿命长，可达40～50年。

图3-2　本地早

该品种在黄岩栽培历史悠久，由于品质极好，20世纪70年代后在黄岩得到大面积发展，到90年代已发展为黄岩栽培面积最大的品种，也成为黄岩蜜橘的代表品种。经多年的选育，从中选出几个品系。

1．少核本地早　该品系20世纪60年代从普通本地早蜜橘中选出的少核本地早蜜橘，树势较强健，果实性状与普通本地早相近，种子更少，品质更优，有多个优株，其中新本1号、新本2号表现尤佳。新本1号、新本2号的树体形态、枝叶、果实外形与普通本地早蜜橘稍有不同，树冠高大、花量多，枝梢生长量大，最明显的区别表现为花器退化，畸形花比例高，花粉少，表现为少核或无核。成熟期提早1周左右，丰产稳产。

2．东江本地早（图3-3）　该品系自珠心系变异中选出，树势中强，树形较开张，枝叶浓密，枝细软，叶近菱形。果实高扁圆形，果形指数0.82，果顶浅凹，放射沟纹不明显，多具柱点，果基稍平，单果重58～75克，果皮橙色、较薄、易剥皮，果面光滑，果肉橙红色，汁液多，化渣性好，可溶性固形物含量12.3°Brix，每100毫升果汁总酸含量0.51克，可食率78.9%，单果种子数0.6粒。2007年，通过浙江省非主要农作物品种认定，为目前黄岩主推品种之一。

图3-3　东江本地早

三、槾橘

原产黄岩。主产浙江黄岩，浙江东部、东南部沿海橘区有零星栽培。黄岩地区一般11月下旬采收，丰产性极好。槾橘刚采收时含酸量高，口感偏酸，贮藏后柠檬酸含量下降，贮藏到翌年2、3月份，酸甜适口，果汁丰富。曾为黄岩最主要栽培品种，近年来品种更替加速，栽培面积减少，现在黄岩少量栽培。

该品种（图3-4）树姿开张，枝条披垂，树冠圆头形。果实扁圆形、高扁圆形或倒圆锥状。中等大小，纵径5～5.5厘米，横径6.5～6.9厘米，单果重120克。果蒂部突起，先端凹，且常有不完全放射状沟纹，果梗粗。果皮略粗糙，皮厚2毫米，油胞平或略凹，色泽橙黄。皮易剥离，中心柱大而空，囊瓣呈肾形，橘络多，汁胞粗肥，长短均有，质柔软，果汁多，味酸。果实可食率69.7%～75.3%，出汁率43.9%～57.2%，可溶性固形物含量9.6～11.6°Brix，每100毫升果汁酸含量0.8～1.1克、维生素C含量27.8～30.9毫克。种子每果7～11粒，卵形，子叶绿色，单胚。耐贮藏，可贮藏到翌年清明前后，品质中等。

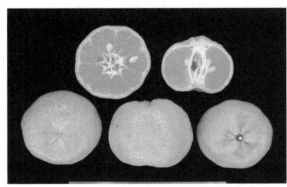

图3-4　槾　橘

根据橙橘的树体、叶、花、果及种子形态特征，它可能是黄岩地区某一橘类与柑类的自然杂种后代。橙橘的"橙"字不常用，因果形似包子（黄岩俗称馒头），易"食"为"木"而来。

橙橘果大，丰产，耐贮，品质尚可，为黄岩柑橘栽培历史上重要晚熟橘类品种。过去大都用枸头橙作其砧木，幼树嫁接后第三年可结果10千克左右。橙橘常以夏梢及秋梢作为结果母枝，往往一枝可结果数个，结果多的当年抽生枝条较少，极易发生大小年结果现象。橙橘耐寒性能差，冬季受冻易落叶，使来年花量大减。因而在栽培管理上如何促进夏、秋梢大量抽发和防止冬季落叶，非常重要。

橙橘的品系类型有细皮橙橘、早熟橙橘等。

四、乳橘

乳橘又名莳橘、金钱蜜橘等，在黄岩有悠久的栽培历史。该品种与江西南丰蜜橘同种，为橘类中果形较小的品种，在黄岩栽培面积不大。11月上、中旬成熟，果实不甚耐贮，丰产性好。

该品种（图3-5）树势中等，树冠自然圆头形；树姿略开张，枝条细长而密，无刺，叶小，椭圆形。果实扁圆形，果形较小，单果重30～50克，平均40.0克。果顶广平，顶端浅广凹；部分果实下肩高低不对称，有单肩现象，果实基部圆钝，蒂周一般有4～5条放射状短沟；果面橙黄色至橙色，较平滑，凹点小而少；油胞中等大，较密，微凸或凹入；果皮薄，厚1.5～2.0毫米，质地韧且软，海绵层极薄，易剥离，橘络较多；中心柱空；囊瓣8～14瓣，常12瓣，肾状，囊壁略厚，汁胞短粗，纺锤状或糯米状；果实可食率69.8%～72.5%，可溶性固形物含量10.0～12.5°Brix，平均11.0°Brix，每100毫升果汁酸含量0.60克、维生素C含量17.30毫克；果肉柔软多汁，较化渣，风味偏甜，较淡，微香。种子少，中等大，饱满，倒卵状，每果种子1～4粒，间有无核者，子叶淡绿或绿色，多数单胚，部分2胚。果实11月中下旬成熟，果实耐贮藏。乳橘素以果小皮薄、风味香甜而著称，品质中上。

乳橘有大果乳橘、早熟乳橘、少核乳橘几个品系类型。

图3-5　乳　橘

五、朱红

朱红又名朱橘，在黄岩有悠久的栽培历史。该品种树势强健，抗性好，易栽培。果实皮色红，色泽艳丽，耐贮藏。在黄岩柑橘生产历史上曾有较大栽培面积。但口感偏酸，需贮藏后方可食用，后逐渐被早橘、本地早所取代。在黄岩节日喜庆或年末祭祀一般选用朱红橘果实。现栽培较少。

该品种（图3-6）果实扁圆。单果重40～80克，一般50克左右。纵径3.70厘米，横径5.50厘米。果皮朱红色，果面粗糙，油胞凹陷。果顶有柱痕，无脐。皮较薄，皮厚2.2毫米，中心柱空。果汁橙色，有核，种子6～10粒。可溶性固形物含量12.0°Brix，每100毫升果汁酸含量1.1克。11月上旬成熟。果实需贮藏1个月以上，贮藏后，味酸甜适口，有香气。

图3-6 朱 红

从该品种的实生变异中选育出另一品系——满头红。

满头红（图3-7）是20世纪40年代在黄岩县新前乡选出的实生变异。经多年观察，表现为果型较大，品质更优，遗传稳定。该品种树势较强，树冠圆头形；果实扁圆形，单果重85克，果面光滑，橙红色，皮薄易剥；中心柱大而空虚，果肉细嫩化渣，风味较浓，品质中上。可溶性固形物含量12.0°Brix，每100毫升果汁酸含量1.1克。11月上旬成熟，果实贮藏1～2个月后，酸降到0.9克以下，风味浓，果肉细嫩化渣。

图3-7 满头红

该品种发枝能力强、树冠形成快、进入结果期早、栽培管理易、耐寒性较强、丰产等优点，深受橘农喜爱。

六、本地广橘

原产黄岩，故被冠以"本地"俩字，可能是温州蜜柑的始祖。树形矮小。枝干弯曲，叶形椭圆。叶端钝尖。果实扁圆，果形似雪柑，果面粗，油胞凹陷（图3-8）。囊壁较厚，果肉及果汁橙黄色，味甜略酸，品质一般。种子10余粒，卵形。因品质差，树势弱，栽培极少。目前在黄岩保存有本地广橘的资源。

图3-8　本地广橘

七、红玉柑

红玉柑（图3-9）是浙江省柑橘研究所以黄岩传统柑橘种质资源为亲本，通过有性杂交育种培育而成，亲本为新本1号（少核本地早）×刘本橙（刘勤光甜橙×本地早），通过回交途径选育而成的，是我国首先报道的橘—橘橙杂交种，1989年通过省级鉴定。红玉柑具宽皮柑橘较易剥皮的特点及甜橙的色泽与香气，果形较大，品质佳，可作为新的花色品种适当发展。在浙江省已有一定的栽培面积。果实11月初开始转色，11月下旬成熟。挂果性能强，丰产稳产。

图3-9　红玉柑

树势强健，枝梢萌发力强，树姿半开张，树冠呈自然圆头形。枝梢密生，少数强壮夏梢有刺，叶色浓绿，花期较早，比本地早蜜橘早5～7天，花期较集中，在10天左右。以春、秋梢为主要结果母枝，结果性能良好。果实高扁圆形，单果重130克，果皮橙黄，色泽鲜艳，光滑，皮较紧，可以剥皮，油胞小，微凸，中心柱实，肉质脆嫩，囊壁不甚化渣，单一品种栽培下常无核，与具花粉品种混栽情况下单果种子数1～2粒。品质上，成熟果实可溶性固形物含量可达12.5°Brix，每100毫升果汁酸含量1.1克，适于鲜食和制汁，较耐贮藏，宜春节前后上市。

红玉柑为橘橙类杂种，抗寒性略差于温州蜜柑，可在年平均气温17.0℃以上，绝对最低气温−6℃以上地区栽培，无需授粉树，可单一成片栽培。红玉柑在自然条件下，对柑橘疮痂病抗性强，溃疡病的发病也较轻。砧木可选用枸头橙、本地早、蟹橙等。

八、红柿柑

红柿柑（图3-10）又名439。系瓯柑和改良橙的杂交后代，浙江省柑橘研究所于1960年杂交选育的新品种。

图3-10　红柿柑（439）

红柿柑树势强健，树冠自然圆头形。果实圆球形，单果重98克，果皮橙红色，油胞凸起或较平，果顶有明显印圈，果顶有小脐孔，蒂周具放射状短沟纹，皮厚2.5毫米，较薄，中心柱实，囊瓣8～10片，分离较难，果肉红色，汁多化渣，有香味。可溶性固形物含量14～16°Brix，每100毫升果汁柠檬酸含量1.2克，贮藏后酸可降到1.0克以下，每100毫升果汁维生素C含量57.2毫克，果汁率达82.0%，品质优良，单果种子约16粒。在黄岩地区，11月下旬可采收，可以贮藏到翌年5～6月而风味不变。

红柿柑树势强健、丰产、稳产、耐粗放管理。砧木可选择枳、枸头橙等，以获得连续丰产。

第二节　主栽及推广品种

一、传统品种

1. 本地早蜜橘及东江本地早　品种特性见第三章第一节本地早部分。

栽培注意点：适宜以枸头橙为砧木，加强肥培管理，保持丰产树形。生产上要注意控制树势和保花保果。修剪上以疏删为主，增加通风透光，培养立体结果的树冠。

2. 满头红　品种特性见第三章第一节朱红部分。

栽培注意点：该品种生产上表现为发枝能力强、树冠形成快、进入结果期早、栽培管理易、耐寒性较强、丰产等优点。但是挂果量过大时要注意控制产量，增施采后肥和基肥。

二、温州蜜柑类

1. 宫川　原产日本静冈县，系由在来温州蜜柑芽变而来。该品种（图3-11）结果早，果形整齐美观，优质丰产。与兴津一样，是我国早熟温州蜜柑的主栽品种，全国各柑橘区均有栽培。树势中等，树冠矮小紧凑，枝梢短密，呈丛生状。果形高扁圆形，顶部宽广，蒂部略窄。单果重100克左右。果面光滑，皮薄，深橙色。果肉橙红色，可溶性固形物含量12.0°Brix，每100毫升果汁酸含量0.6～0.7克，甜酸适度，囊壁薄，细嫩化渣，品质优良。果实10月中旬成熟，11月中旬后完熟。该品种适宜应用大棚设施完熟栽培，果实可留树到翌年2月，最长可留到3月下旬。完熟果实可溶性固形物含量可达14.0°Brix以上，每100毫升果汁酸含量0.6克左右，风味浓，化渣性极好。

图3-11　宫川早熟温州蜜柑

栽培注意点：宜选择阳光充沛、朝南向的山地果园种植，有利于生产成熟期早、高糖化渣的果实。成年树可适当控制树势，树势稍弱有利于提高果实品质。宫川以果形小，完熟采收的果实品质更好，但完熟采收易过度消耗树体营养，造成大小年结果现象。对大小年明显的橘园，可实行隔年交替结果，即丰产年全园结果，小年进行疏果达到不结果。该品种也适于加温促成栽培。

2. 大分　（图3-12）　日本引进，特早熟温州蜜柑品种，今田早生温州×八朔柑杂交珠心系培育而成。黄岩及周边地区在9月中旬成熟。树势中等，与其他特早熟温州蜜柑品系比较树势强，树冠圆头形，枝叶不太密，节间长，叶大，树姿与普通温州蜜柑相似。果实扁圆，果皮颜色较深，完全成熟时呈橙红色，单果重98克。成熟早、减酸增糖快、风味浓，成熟期比另一特早熟温州蜜柑品种日南1号提前7～10天，9月初开始着色，9月中旬完全着色。果实可溶性固形物含量可达10° Brix以上，酸含量0.6%，口感甜酸，风味较

图3-12　大分特早熟温州蜜柑

浓。在特早熟品种中，大分在成熟期、品质、产量等方面表现较好，丰产、稳产，不易浮皮。

栽培注意点：宜选择阳光充沛、朝南向的山地果园种植，有利于生产成熟期早、高糖化渣的果实。成年树可适当控制树势，树势稍弱有利于提高果实品质。

3. **由良**　日本引进品种，由宫川芽变选育而成（图3-13）。成熟期比大分晚，比宫川早。树势中等，树姿较开张，进入结果期较早。物候期基本上与宫川早熟温州蜜柑相同或早1～2天。果实高扁圆形，单果重87克，成熟果实可溶性固形物含量13.0°Brix，每100毫升果汁总酸含量0.89克，可食率78.9%。9月上旬开始着色，9月下旬成熟，10月上旬着色可达80%以上。着色与成熟期均比宫川早15天。

栽培注意点：一般可选择枳为砧木，盐碱地砧木可选用本地早、枸头橙。该品种坐果性能较好，往往结果量过多造成树势衰弱，果实偏小，商品性降低，应适当疏花疏果，减少结果量来提高果实商品性。该品种是高糖高酸品种，果实膨大期干旱不易减酸。因此，在8月中下旬，若遇干旱，应及时灌水。

图3-13　由良特早熟温州蜜柑

三、杂柑类

1. **红美人** 日本育成品种，又名爱媛28号，系南香与天草杂交育成。该品种（图3-14）幼树树势强健，进入结果期后易衰弱，树姿较开张。黄岩地区3月中旬萌芽，4月初春梢展叶；4月中旬现蕾，4月下旬初花，5月上旬终花；单果重220克，果形呈扁球形，果皮橙色至浓橙色，比较光滑，油胞较大、略凸。果肉黄橙色，柔软多汁，囊壁极薄，舌头几乎难以察觉到，这种果冻样的食用感觉是其最明显的特征。果皮2～3毫米，薄而柔软，由于囊壁极薄并与白皮层密接，剥皮较难。果实紧，无浮皮。单性结实能力强，常无核。授粉后，种子单胚，胚色淡绿。果实11月中下旬成熟，可留树挂果到翌年2月上旬。果实完熟后糖度可以达到12.5°Brix以上，每100毫升果汁酸含量0.6克，风味极好。

图3-14 红美人

栽培注意点：幼树长势较强，枝条稍直立。投产后，易结果过多，造成早衰，要加强土肥水管理，严格疏花疏果。该品种易感黑点病、炭疽病、溃疡病，易受螨类、吸果夜蛾、鸟类等为害，露地条件栽培，病害较多，建议应用大棚设施避雨栽培。

2. **甘平** 日本育成品种，又名爱媛34号，系西之香与椪柑杂交选育而成。该品种（图3-15）树势强健，树姿开张，略有披垂。黄岩地区3月上中旬春梢萌芽，4月初春梢展叶；4

图3-15 甘 平

月中旬现蕾，4月下旬初花，5月上旬终花。果实扁圆形，扁平，特征较明显。果皮橙色，较薄。露地栽培往往裂果较多，尤其是果实膨大期水分不均时，严重者裂果达40%。果形大，单果重300克，皮薄，可溶性固形物含量11.0～16.0°Brix，平均14.0°Brix，每100毫升果汁总酸含量0.95克、维生素C含量42.3毫克，口感酸甜。1月下旬至2月中旬成熟。

栽培注意点：该品种在黄岩及周边地区种植，果实需越冬，务必用大棚设施保温或加温栽培。果实膨大期应减少土壤水分急剧变化，减轻果实裂果。

3.媛小春　日本育成品种，系清见与黄金柑杂交育成。该品种（图3-16）树势强健，树冠圆头形，树姿开张。发枝力强，枝叶浓密，枝条多披散。黄岩地区3月上中旬春梢萌芽，4月初春梢展叶；4月中旬现蕾，4月下旬初花，5月上旬终花。果实卵圆形，有果颈，果顶有明显印圈，果皮黄色，果皮厚3.0毫米，易剥皮。单果重142克，横径6.84厘米，纵径6.87厘米。果肉浅黄色，质地细致柔软，汁多，肉质化渣，味浓甜而具蜜味。1月下旬成熟，可溶性固形物含量13.9°Brix，每100毫升果汁总酸含量0.88克、维生素C含量34.4毫克，口感甜酸，有清香味，品质好。

图3-16　媛小春

栽培注意点：该品种生长势旺，修剪方法不当时，易促发大量营养枝，引起花量少、坐果率低。因此，该品种修剪时以轻剪、疏删为主，加强树体通风透光，花期进行保花保果。浙江地区建议以大棚种植为主，可挂果到2～3月份上市销售，露地种植应在霜冻来临前采收，贮藏后销售。

4.晴姬　日本育成品种，又名兴津54号，清见与奥赛奥拉橘柚杂交后代再与宫川杂交选育而成。该品种（图3-17）树势中强、叶片略卷曲，有短刺。果形扁圆，似温州蜜柑。单果重130克，果皮橙黄色，皮厚3.2毫米，中心柱空。果肉橙黄色，柔软多汁，囊壁薄，有香气，口感佳。该品种具减酸较早、糖度高、易剥皮等特点。通过大棚设施完熟栽培，果实可溶性固形物含量12.0°Brix以上，每100毫升果汁总酸含量0.9克。一般无核，与有花粉品种混栽时会有少量种子。成熟期12月上旬到翌年1月上旬。

栽培注意点：黄岩地区该品种可以露地栽培，果实完熟采收须有大棚设施。该品种果形中等大小者内质佳，宜花期保果，提高坐果率，并注意调节总体产量。

图3-17　晴　姬

5.明日见　日本育成品种，又名兴津58号（图3-18），为甜春橘柚与特洛维塔杂交后再与春见杂交选育而成。树势强健，树姿开张。黄岩地区3月上中旬春梢萌芽，4月初春梢展叶；4月中旬现蕾，4月下旬初花，5月上旬终花。果实扁圆形，单果重190克左右。皮薄，果皮橙色，光滑，剥皮稍难。果肉浓橙色，口感酸甜，有甜橙香味，风味浓，肉质稍硬，有少量种子。可溶性固形物含量15.3°Brix，每100毫升果汁总酸含量1.0克。成熟期2月上旬至2月下旬。由于未完熟时酸度较高，需进行大棚设施完熟栽培。

栽培注意要点：冬季温度低于−1℃时，需用大棚保温栽培。该品种树势过旺时，易引起花果矛盾，导致挂果少。砧木可选用枳、小红橙，不宜选用易致树势强旺的枸头橙为砧木。花期需进行保花保果，以提高坐果率。果实膨大期注意均衡水分供应，防止大量裂果。

图3-18　明日见

6.春香　日本从日向夏的偶发实生后代中选出，为橘柚类杂柑。该品种（图3-19）树势较旺，树冠直立，结果后开张，树体抗病力特强，栽培管理容易。果实扁球形或圆锥形，果顶有明显凹环。单果重200～220克，果面淡黄色，皮色与尤力克柠檬相似，果面略粗，有光泽，外观独特。可溶性固形物含量12.0°Brix，每100毫升果汁总酸含量0.51克，口感甘甜脆爽，有香气，品质佳。种子多，多胚，胚淡绿色。浙江省12月中旬成熟，贮后风味更

图3-19　春　香

好，常温下可贮藏至翌年5～6月。

栽培注意点：该品种树体抗寒性强，适应性广，栽培容易。幼树直立，挂果后开展。前期可适当密植。结果性能好，生产上注意梢果平衡。

四、柚和葡萄柚类

1. 早玉文旦　浙江省柑橘研究所与玉环文旦研究所等合作选育而成，为玉环柚特早熟芽变新品种。该品种（图3-20）树势强健，树形高大，树冠圆头形，其主枝分生角度较玉环柚小，直立性略强。果实扁圆或圆锥形，单果重1 250～2 000克，可溶性固形物含量10.8°Brix，每100毫升果汁总酸含量0.80克，可食率60.1%。成熟期早，9月10日成熟，比对照普通玉环柚早40天左右。丰产稳产性好。

栽培注意点：砧木宜选用枸头橙、温岭高橙、土栾等，以温岭高橙和枸头橙为佳。每一结果母枝保留1～2个发育健壮的果实，保持250：1的叶果比。采用控肥水、多挂果、

图3-20　早玉文旦

覆膜、套袋等综合手段防止裂果。成熟早，及时采收。

2.鸡尾葡萄柚　美国育成品种，为暹罗蜜柚和弗鲁亚橘杂交选育而成。该品种（图3-21）树势强健，树姿开张，进入结果期早。3月初萌芽，3月下旬春梢展叶；4月中旬现蕾，4月下旬初花，5月上旬终花。果形大小介于甜橙与葡萄柚之间，果实扁圆形或圆球形，单果重380克；果面光滑，果皮橙黄色，果皮薄、光滑，皮厚4.2毫米，海绵层白色，皮层较紧，但较易剥离；果肉黄橙色，汁液多，风味爽口，略酸。中心联合，不易分瓣。汁胞橙黄色，柔软多汁，甜酸适中；可溶性固形物含量12.2°Brix，每100毫升果汁总酸含量0.92克。平均单果种子数20粒，多胚。

图3-21　鸡尾葡萄柚

栽培注意点：树势强健，可选择枳、枳橙、红橘、枸头橙等为砧木。枳砧树势稍弱，果实品质佳，果面光滑，皮薄，可溶性固形物含量较高。不耐寒，−5℃就会受冻。因此，种植地区年平均温度应在17.5℃以上，选择向阳缓坡地带建园。加强肥水管理，重施基肥和膨大肥。抗病性强，抗溃疡病、疮痂病，对黑点病、黄斑病中度敏感。

（柯甫志　王　平　聂振朋　徐建国）

第四章
育苗与高接换种

育苗技术是柑橘良种推广的前提和基础，苗木质量优劣直接影响果园建设及其经济效益。

第一节　主要砧木

在柑橘繁育体系中，砧木对树体的生长结果和环境适应性起重要作用。砧木是柑橘的根基，对植株的生长势、产量、品质、抗逆性等都有很大影响。黄岩及周边地区所用的主要砧木品种有枳、枸头橙、本地早、小红橙等。

一、枳

枳，又名枸橘，取"花在叶先"之意，黄岩俗称"花橙"，是柑橘最主要的砧木品种，适宜绝大多数柑橘品种作砧木，具有抗寒、抗旱、耐瘠等特性，枳砧苗木可以提早结果，丰产，果实品质优良，且树形比较矮化，抗脚腐病、流胶病、线虫病。但枳砧苗木不抗裂皮病、碎叶病，不耐湿涝，不耐盐碱，在盐碱土（如海涂地）种植易发生缺铁性黄化现象。因此，枳适宜在山地、酸性土壤作砧木。

枳按叶形大小可分为大叶和小叶两种类型，按叶形和花的大小可分为大叶大花、大叶小花、小叶大花和小叶小花四类，以小叶大花生产性能为佳。枳果形有圆形、梨形两种（图4-1）。

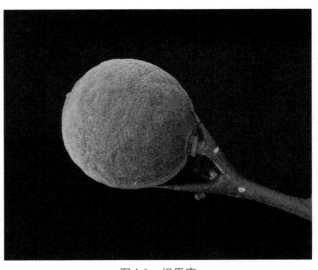

图4-1　枳果实

二、枸头橙

原产于浙江黄岩的地方柑橘资源，也是优良的砧木品种，分类上属类酸橙。枸头橙（图4-2，图4-3）具有耐黏重、耐湿耐旱、耐盐碱、抗衰退病的特性，使用枸头橙为砧木苗期生长较快，根系发达，树势强健，丰产稳产。

枸头橙对土壤的适应性广，在沿海围垦地上，不会黄化，生长势强，寿命长。适宜作甜橙类、宽皮柑橘类和杂柑类品种砧木。黄岩地区历来作为早橘、槾橘、乳橘、朱红等柑橘品种的砧木。

枸头橙有两个品系类型：小果类型，名"小枸头"，果小，单果重60克左右，果顶部印环模糊，果面略显平滑；大果类型，名"大枸头"，果实偏大，单果重95～120克，果面粗糙，微有皱褶，果顶部印环较清晰，用其作砧木的品种长势更强。

图4-2 枸头橙树

图4-3 枸头橙果实

三、本地早

原产于黄岩的地方品种，既是特色鲜食品种，也是良好的砧木品种。用于砧木具有根系发达、抗旱抗寒、树势强健、寿命长等优点，但苗期生长较慢。作温州蜜柑砧木，树势强健，树冠圆整，枝条紧凑，丰产稳产，品质好。作槾橘、早橘砧木，树冠略矮化；作脐橙砧木，树冠矮化。本地早砧木耐盐碱也耐酸性土壤，故海涂、山地均可使用。

四、小红橙

小红橙（图4-4，图4-5），黄岩地方砧木品种，属酸橙类。小红橙对土壤适应性较广，耐盐碱。用于砧木，苗木前期生长快，根系发达，分布密集，须根较多，黄岩作温州蜜柑的砧木时，树冠较高大，品质较好，但结果期稍迟；作甜橙砧木，树势强，根系发达，抗旱丰产，但结果较迟；作本地早砧木，前期生长良好，结果期早，树龄稍大后，表现穗木大砧木小，生长势弱，雨季易烂根而引起落叶，故不适宜作本地早砧木。

图4-4　小红橙树

图4-5　小红橙果实

温州的朱栾性状与小红橙相近，朱栾在韩彦直《橘录》中有记载。

第二节　育苗技术

一、传统育苗技术

宋代韩彦直《橘录》中有专门描写柑橘嫁接育苗的方法："始取朱栾核，洗净，下肥土中，一年而长，名曰'柑淡'。其根荄蔟蔟然。明年移而疏之。又一年，木大如小儿之拳，遇春月乃接。取诸柑之佳与橘之美者，经年向阳之枝以为贴，去地尺余，细锯截之，剔其皮，两枝对接。勿动摇其根。拨掘土实其中以防水。箬护其外，麻束之。"古时温台一带柑橘育苗，选用朱栾为砧木种子，播种后，第二年移栽砧木苗，第三年春季嫁接，选择优良品种的健壮枝条，砧木离地一尺（30厘米）剪砧，嫁接枝条，用箬皮、麻绳绑搏，掘一把土盖在嫁接处保湿。这一育苗方法一直流传沿用到20世纪五六十年代。

黄岩历史上是我国柑橘苗木繁育的主要产地之一，主要育苗在黄岩院桥、南城一带。传统育苗以枳、枸头橙、小红橙、本地早砧以及朱栾为砧木，采用露地育苗。12月初砧木种子播种，用薄膜覆盖，上面再搭小拱棚盖薄膜。种子大部分萌芽长出后，揭去地上薄膜。上面拱棚根据棚内温度，白天通风，晚上闭棚保温，到3月上旬天气转暖后，除去小拱棚薄膜。5月中旬至5月下旬，砧木苗移栽到苗圃中，细心管理。8月上旬至10月下旬期间嫁接，采用芽接法，接后15～25天，检查成活情况，及时补接，一般成活率90%以上，或在翌年3月初对未成活的用切接法补接。秋季嫁接的在翌年春季萌发前剪砧，在离嫁接口上方1厘米处剪除上部。此后在苗木行间施入腐熟的鸭粪、猪粪等农家肥，用黑色薄膜铺在上面，剪口穿过薄膜，嫁接口露在上面，防杂草生长。芽接在萌芽前解除嫁接薄膜，春季露芽切接的在春梢木质化后用锋利小刀片划破薄膜。其间苗圃管理，保持土壤湿度合适，干旱季节要进行全园灌水，以防根系向下生长。加强病虫害的防治。当年秋季或翌年出圃。

二、现代育苗技术

随着柑橘产业的不断壮大，柑橘育苗技术日臻成熟，容器育苗、工厂化育苗、无病毒育苗已成为主要发展方向。苗圃建设主要考虑三大方面，即苗圃选址、苗圃规划和苗木繁育。

（一）苗圃选址

柑橘苗圃的选位应首要考虑其隔离性，最好选择周缘无橘园或远离橘园的地段，以避免或减少危险性病虫害的传播，如柑橘黄龙病、溃疡病等检疫性、危险性病虫害。其次柑橘苗圃宜建于地势平坦，避风向阳之地。露地苗圃应选择土层深厚、土壤肥沃、透气性好、保肥保水性好的土壤作为苗圃地。以pH在5.5～6.5的弱酸性土壤为宜，土质以沙壤土为佳。

（二）苗圃规划

完整的苗圃根据功能一般包括砧木母本园、原种圃、采穗圃、育苗区及其他配套设施，各功能区块应合理布局。

1. **砧木母本园**　砧木母本园为苗圃提供专用的无病毒、纯系砧木种子。砧木对植株生长结果和环境适应性均起重要作用。砧木品种应充分考虑与接穗品种相适应，嫁接亲和性好。同时应做好不同砧木品种间的隔离，保持砧木品种的纯度，避免砧木品种间的杂交。

2. **原种圃**　原种圃用于保存育苗企业专用品种，为采穗圃提供无病毒原种。原种必须保存在高度隔离的温室内，制定专业管理方案或管理制度，定期检测植株健康状况。原种必须脱毒和检毒，来源主要是科研院所柑橘脱毒部门。

3. **采穗圃**　采穗圃是专门用于育苗接穗的采集，必须定植在隔离的网室内。采穗圃的品种来源于原种圃。采穗圃接穗的优劣直接影响苗木的品种纯度和种苗质量，是良种繁育系统的关键部分。接穗母树应严格保护，必须是防虫网隔离，以免感染病毒。接穗母树的管理要求是：专供接穗，不挂果，适当进行夏季修剪，截短枝条，促进新枝萌发，保证足够的接穗枝条；适当增加施肥次数和施肥量，促使接穗母树健壮生长，注意用药减少树体病虫害的发生；采穗前如遇连续干旱天气，应对采穗母株连续浇水2～3次，以提高接穗含水量，便于嫁接时削面的光滑度，提高嫁接成活率。采穗母树一般使用3～5年后需淘汰更新。

4. **繁殖园**　繁殖园分为砧木播种区和嫁接育苗区。砧木播种区是播种砧木的区域，可根据砧木品种的不同再分成不同的小区，以利于嫁接时品种的安排区分和管理。嫁接育苗区是培育嫁接苗的区域，同样可根据嫁接品种的不同再分成不同的区块。

现代柑橘育苗以容器育苗、工厂化育苗为主（图4-6至图4-9）。有一次移栽和二次移栽方式。一次移栽指砧木苗培育后，直接移入大营养钵中，置于田间嫁接，直到苗木出圃。二次移栽指砧木苗培育后，分两次移栽，先移栽到小营养杯中，专门用于砧木培育，培育到适宜嫁接的高度和茎干粗度后，进行嫁接，再培养20～30天，确定成活后移入大营养钵中，置于田间管理到苗木出圃。二次移栽法的嫁接操作可以在室内进行，减少田间操作强度，流水操作，适合工厂化育苗要求。

图4-6　砧木苗室内培育

图4-7　砧木容器苗

图4-8　砧木容器苗

图4-9　网室容器苗

　　露地育苗还需考虑育苗不可连作，育苗地块要求轮作，设立轮作区。轮作时最好种植水稻，水稻种后种紫叶苜蓿等绿肥，并适时深翻绿肥，以培肥土壤，改善土壤结构。

　　5.其他配套设施　一般大型的育苗基地，应设置有苗木、农资的运输道路、化肥农药的喷施系统，以及必要的建筑物。如办公室、贮藏室、工具室以及苗木包装等场地。

（三）苗木繁育

　　苗木繁育主要有砧木苗培育、嫁接育苗、嫁接后的管理以及出圃四部分组成。

　　1.砧木苗培育

　　（1）砧木种子处理。从砧木母本园采种。以枳砧为例，采种时间多在9月份果实成熟时采集、春季播种，也可以在8月初采集嫩种播种。播前对种子进行筛选，选择粒大饱满无霉变、无病虫、无损伤的种子后，用温汤浸种法处理（52℃热水中浸泡10分钟），而后浸种杀毒，播种催芽。

　　（2）整地与播种。在繁殖园的播种区地块，提前整好土地，以备播种。整地时施足基肥，以有机肥为主。做畦，畦面宽1.2米，畦沟宽0.3米，畦高0.2米 左右。每亩播种量依砧木品种及种子发芽率和播种方法而异，以枳砧为例，撒播用种量为40～50千克/亩，条播用种量为20～30千克/亩。播后覆细土或锯末屑1～2厘米，以不露出种子为度，浇透水。

（3）移栽及栽后管理。当砧木苗高15厘米左右且茎干木质化时即可移栽。一般秋冬季播种的在4月中下旬移栽，春季播种的在6月上中旬移栽。起苗时淘汰根颈或主根弯曲苗、弱小苗和变异苗等不正常苗。移栽到营养钵或育苗田间，应充分浇水，薄肥勤施，精细管理至恢复生长。适当进行浅中耕，保持苗木叶色浓绿。砧木苗期病害以立枯病和根腐病为主，注意观察，及时防治。虫害以蚜虫、潜叶蛾、红蜘蛛和介壳虫等防治为主。

2. 嫁接

（1）采穗和处理。接穗从采穗圃中剪取，选树冠外围中上部的老熟、生长健壮、无病虫害的枝条为接穗。接穗须在枝条充分成熟、新芽未萌发时剪取，随接随采。接穗剪下后应立即除去叶片，如果接穗不当天使用，可用保鲜膜包好放阴凉处或冰箱（3～8℃）冷藏。接穗处理好后应系上标签以防混杂。

（2）嫁接。当砧木苗高35厘米左右，主干直径0.5厘米以上时即可嫁接，嫁接高度以离地面10厘米左右为宜（图4-10）。嫁接方法以秋季腹接为主，辅以春季切接。嫁接后的植株应挂上标签，注明砧木和接穗，以免混杂。嫁接前对所有工具和操作员的手用0.5%漂白粉液进行消毒。

图4-10 小苗切接

3. 嫁接后管理

（1）补接与剪砧。苗木嫁接3周后，检查成活情况，发现死芽或没接的砧苗应及时补接。春季解绑宜分两步进行，先划开嫁接成活的芽眼处薄膜，露出芽眼以利抽枝，其他部位薄膜仍密封，待新梢抽出并老熟后再将薄膜全部解除。秋季腹接成活的苗木在翌年春季分两次剪砧：第一次在嫁接口上方3厘米处剪，后解膜；第二次从嫁接口背面稍斜向剪除多余砧木。

（2）摘心与整形。嫁接幼苗摘心与整形主要是确定主干高度，培养一定数量的骨干枝。一般来讲，春梢长20～30厘米时摘心，夏秋梢25～30厘米时摘心，晚秋梢留3～4片叶摘心。当苗高40厘米左右时，选留1条直立健壮的枝梢及时摘心定干，促发分枝。分枝抽生后，选留健壮且分布均匀的3～4条分枝作主枝，其余全部剪除。一般浙江在7月定干。定干高度因种类及栽植地而异，橙、柑及橘30～50厘米，柚、葡萄柚和柠檬等50～80厘米。

（3）肥水管理。施肥应掌握"薄肥勤施，少量多次"的原则，原则是春芽期不施或少施肥。待春芽充分成熟后，施腐熟液肥，促夏芽生长。做到：培养第一次夏梢，照顾第二次夏梢，猛攻秋梢，控制冬梢。秋梢老熟后严格控水，以防晚秋梢的大量抽生。

（4）病虫防治。苗木生长期要及时防治潜叶蛾、红蜘蛛、溃疡病等病虫害。

4.出圃　苗木主要在秋季以及春季萌芽前出圃。起苗前充分灌水，抹去所有嫩芽，剪除幼苗基部多余分枝。出圃苗木应品种纯、树势壮、根系发达、无检疫性病虫害。出圃时，苗木要尽量带土，少伤根。远运时，用湿润苔藓或薄膜带土包缠保湿。苗木出圃时要标记并核对标签，记载育苗单位、出圃数量、定植去向、品种品系、发苗人和接受人签字，入档保存。

第三节　高接换种技术

柑橘高接换种指将原有柑橘品种或实生树的枝条改接成其他优良品种的一种技术，它具有品种更新快、提早结果等优点，是柑橘品种更新的一条捷径。高接换种管理得当，可以达到一年成活、二年成冠、三年丰产的目标。

一、高接基本要求

1.品种亲和性良好　高接换种首先要注意被换种的柑橘树与需要改换的优良品种之间的亲和力。它将影响到接穗品种与被换品种之间的营养物质的运输，从而影响其生长势、品质和产量。研究表明，不同柑橘种类之间嫁接是否亲和与其在分类学上的亲缘关系远近有关。一般来说，同一类换上不同的品种亲和力较好，如迟熟温州蜜柑高接早熟或特早熟温州蜜柑品种。不同品种高接需要经过多点试验成功后，才可推广应用。经多年实践表明，椪橘树高接本地早或温州蜜柑，本地早树高接温州蜜柑、红美人、葡萄柚等都有良好的亲和性。而当高接表现出不亲和时，会对高接树的生长、丰产性、果实品质等产生不良影响，嫁接口处常有瘤状突起，出现坏死，严重的会导致植株死亡。如文旦树高接温州蜜柑表现生长缓慢，叶色不正常，长势差，亲和力不好，所以不宜采用。

2.树龄不宜过大且生长强健　以树龄15年生以下植株较适宜，嫁接成活率高，树冠恢复快。一般要求不超过20年生。20年以上树龄的柑橘应更新后再高接。树龄大又衰弱的树不适宜高接。

3.高接部位及接芽数量适当　柑橘高接换种要兼顾树形结构，尽可能降低嫁接部位，高接部位以选择0.5～1.5米的范围内进行，如按自然开心形树形，应保留3～4个分布均匀、直立的健壮主枝或粗侧枝作为高接枝，将其余的枝干全部截去。10年生以下的幼树或初结果树，可以接10～15个芽；树龄在10～20年的柑橘树可以高接15～20个芽。

二、高接方法和时期

高接换种的方法分切接、芽接或腹接。一般春季3～4月用切接法和腹接法，以切接为主，结合切腹接。秋季高接最佳时期是9～10月，高接采用芽接法和腹接法。

1.切接法（图4-11，图4-12）　一般在春季2月下旬至4月中旬进行。

图4-11 大枝切接插接穗

图4-12 接穗抽发春梢

（1）切砧。将选作嫁接面上的剪口外缘斜削去一小块，然后沿形成层垂直或稍微向内切下，切口长约1.3厘米，不带木质部或上部显现木质、下部稍带木质。

（2）削接穗。选有饱满芽的枝段，在芽下方1.5毫米处用刀削一长削面，即用刀平削1刀，削面长1.4厘米左右，深度以达到形成层为准，留青见白。在长削面下端相反的一面，以45°角削断接穗（短削面），最后在芽上方0.2～0.3厘米处斜削1刀，将接穗削断，放入干净水中或干净的湿毛巾内包住备用。

（3）插接穗。将接穗长削面向内，插入砧木切口，如接穗与砧木纵切口的切面大小不一，要偏靠一边，使砧、穗的形成层对准，并使接穗长削面露出1～2毫米。

（4）包扎薄膜。包扎多采用长25～30厘米、宽1～1.5厘米的聚氯乙烯塑料薄膜带，以嫁接处为中心，自下而上绑紧，封严伤口，露出芽眼即可。

2. **芽接法**（腹接法）（图4-13）

（1）砧木削皮。在高接枝平滑的一侧，自上而下削1刀，深达形成层，长1.5厘米左右，将削皮切除2/3，保留下端1/3，以便承插接芽。

（2）削芽。自接芽上方约0.5厘米处向芽下方直削1刀，削面长1.4厘米左右，微带木质部，再在芽下约0.6厘米处斜削1刀将芽片取下，放入干净湿毛巾中备用。

（3）嵌芽。捏住接芽的叶柄，将芽片嵌合在砧木削口中央，注意使两者形成层贴合。包扎薄膜先扎中下部，稳定芽片位置，再扎上部。夏季和早秋（8月下旬）嫁

图4-13 内膛腹接

接，要露出芽眼。晚秋（9～10月）嫁接，应将接芽全部封闭，不露芽眼，包扎完后打个活结即可。

3. 高接时期　高接时期可选择春季高接或秋季高接，春季高接的最佳时期是2月下旬至4月中旬，春季高接时，枝上保留少量有叶枝作为辅养枝，以制造一定养分供给接穗及树体生长，待高接的接穗恢复生长后再分批去除。秋季高接最佳时期是9～10月，高接采用芽接法和腹接法，选择主枝或侧枝两侧进行嫁接，避免阳光直射接穗。

4. 注意事项

（1）嫁接时天气选择。春季高接，应在暖和无大风的晴天进行，避免在早晚气温太低时嫁接；嫁接时要用湿毛巾包好接穗，避免风吹日晒；如土壤干旱，应在嫁接前7～10天结合施肥充分灌水1次，以保证成活率。夏、秋季气温高，中午阳光强烈时不宜嫁接。

（2）嫁接时截干方法。锯大枝时，宜用手锯，先在枝的下方浅锯小半圈，然后自分杈点上部微斜向下部切下，以避免折裂使伤口不愈合；枝干剪锯时要注意断口处平滑，切忌撕裂皮层和木质部（图4-14，图4-15）。对大伤口，要用利刀削平，并用薄膜包扎，或涂凡士林250克＋多菌灵5克、黄油100克＋硫菌灵2克等保护剂，以防水分蒸发，促进愈合。

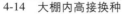
4-14　大棚内高接换种　　　　　　　　图4-15　大枝高接

三、高接后的管理

1. 检查成活　高接后15～20天检查成活情况。未成活的要及时补接；晚秋芽接未活的，可在翌年春季补接。

2. **解除薄膜** 切接的应在接穗新梢老熟木质化时才能解膜。解膜过早，愈合不牢固；过迟，则造成缢痕，影响生长。

3. **剪砧** 秋季芽接的，于翌年3月份萌芽前从接芽上方1～2厘米处剪除砧木。春、夏和早秋芽接的，可行二次剪砧。

4. **除萌** 高接后由于树体养分充足，砧木与中间砧上常抽发大量萌蘖，应除去离接芽15～20厘米范围内的砧芽。下部的砧芽除徒长枝外，一般保留作辅养枝。

5. **摘心和固定** 接穗新梢生长到20～30厘米时，要加以摘心，促发分枝，并使基部生长粗壮。同时用小竹竿将接穗新梢固定住，防大风折断新梢。

6. **刷白** 对高接后裸露的枝干，要在5月下旬夏季高温来临前刷涂白剂保护，防止日灼，在11月份冬季低温来临前刷涂白剂预防冻裂。

7. **疏花** 高接第一年，以扩大树冠为主，如接穗新梢上出现花蕾，应及时摘掉，以减少养分消耗。

除以上需要注意的外，还应该加强肥水管理与病虫害的防治工作。

（柯甫志　聂振朋　王允镔）

第五章
建 园

第一节　山地橘园的建立

在黄岩的柑橘园中，山地橘园占1/3以上，柑橘上山，是黄岩柑橘发展的主要方向。山区、半山区有着广阔的缓坡疏林山地，为建立柑橘基地创造了条件。大规模地发展集中成片的山地柑橘，可以提高土地利用率和经济效益，有力地促进山区经济的繁荣，是山区调整农业结构的一项重要内容。柑橘类植物原产于亚热带的山麓，山地土壤适合柑橘树生长。坡地排水良好，通风透光，有利于树体营养物质的合成与积累，促进生长发育。但是坡地水土易流失，土壤瘠薄，酸性强，交通不便，经济基础差，这些自然和人为的不利因素，要在建园前考虑和克服。

一、小区划分

小区划分应按山头坡向划分，不要跨越分水岭，目的在于保持水土，方便管理。地形复杂的划区宜小，在目前栽培水平下，小区以2公顷为宜，也可按地形将几个小区合并成一个大区，面积约为15公顷。面积小且分散的则不必划分小区。一般一个小区栽植一个品种或品系，便于精细管理。小区形状近似带状的长方形，长边要因地势向等高方向弯曲，以利机械操作和排灌。

二、道路设置

橘园道路的设置应从土地的利用率与小区划分相结合。面积大的果园设干道、支路、操作道三级。干道是全园交通的大动脉，内通各大区和各项设施场所，既可通往各个山头，又能连接附近公路和水路，路宽6～8米，可通行机动车，一般设在园地的中部或山腰上；支路连接干道，可行驶拖拉机或板车等小型车辆，配置在小区之间或小区内，通往各小区，是大区的主要道路，宽3～4米。操作道是小区内的通道，外连支路，内通各个梯台，路宽2米左右。纵向操作道可按山形设置，每个山冈设一条，在坡度大的地方应修成"之"字形。

大型果园可以设置空中运输索道，或单轨运输车。以最短距离将产品运到山下的环山公路。小面积橘园设支路、操作道两级即可。修路应在开园前进行。

三、水利设施

山地橘园水土保持十分重要，应以有利水土保持为原则，以蓄为主，蓄排兼顾，达到平时蓄水、旱时可以灌水、小雨水不下山、大雨不冲土的要求。

1. **防洪沟**　橘园上下要带"帽子"。即除保留原有的林木外，还要继续造林、护林以蓄水保土。林木与橘园交界处开一条环山防洪沟，连接排水沟，以防山洪冲坏园内梯壁。防洪沟的宽深以排完常见山洪为度。

2. **排水沟**　应根据地形、水势和梯面情况，在道路两侧设置纵向排水沟。排水沟一般宽50厘米、深50～60厘米，为缓和水势，应迂回而下，开成梯阶形。水量大的沟底的沟壁要砌石或让其自然生草。每隔3～5米在沟内设跌水坑及拦水坝。

3. **保水沟**　梯田内侧挖宽30厘米、深20～30厘米的竹节保水沟。

4. **蓄水池和山湾塘**　在水源充足地段，在园地的各小区修筑大小蓄水池和山湾塘，以解决施肥、喷药、抗旱用水。一般每0.6～1.0公顷建立能贮水30米^{3}的蓄水池一个。并创造条件，装置喷滴灌设备。橘园上方没有水源的，应建提水上山配套设备，用以抗旱。

四、防护林设置

防护林对于改善橘树生态系统条件，预防风害、冻害有重要作用。首先，防护林能够阻挡气流，降低风速，一般防风林可降低风速25%～50%，同时可以减少土壤水分蒸发，提高土壤和空气湿度。在冬季强冷空气影响时，林带网络内降温比较缓和，可使近地面层（离地1～2米）的气温比林外增高0.5～2.0℃，从而使柑橘冻害减轻。防风林的木材又可作橘园建设的部分用材（图5-1）。

除在山顶保留一定数量的林木作为水源林、防风林外，易受冻害或风害的地方还要在园外围10米处营造4～6行防风林主林带。在干道、支路和排水沟两侧营造2行副风林带。行株距为（2～3）米×（1～1.5）米（灌木可缩减一半）。防风林应在建园前或同时营造。为了避免林木根系伸入橘园影响橘树生长，林带和附近橘树应相距2～3米以上，并在其间挖一条深1米、宽60厘米的隔离沟，以免防风林的树根伸入橘树畦面而影响橘树生长。

防风林的树种以就地取材为宜，应选用速生、高大、长寿、经济价值高的种

图5-1　木麻黄防风林

类。在黄岩可选用杉木、马尾松、木麻黄、女贞、紫穗槐等。

五、土地整理

山地修筑水平台阶梯田是保持水土的一项根本措施。首先在坡度有代表性的坡段选定基线，然后在基线上确定基点，作为每条等高线的起点。基点间的水平距离即为梯面宽度，一般要求5米左右。在基线上选定一基点，用仪器或竹竿，自上而下按行距（梯面宽度）要求测出第二、三、四……个基点（图5-2），再测出各个基点的等高线。等高线的比降为0.2% ~ 0.3%，一般中间高，两侧低，倾向排水沟，以利排水。

山坡地往往陡缓不一，凹凸不平，因此等高线之间的距离不会相等，需加调整，在过窄的地方减去一段等高线，在过宽的地方添插一条等高线（图5-3）。为使梯田壁呈弧形走向，美观整齐，还须按地形大弯随弯、小弯取直。

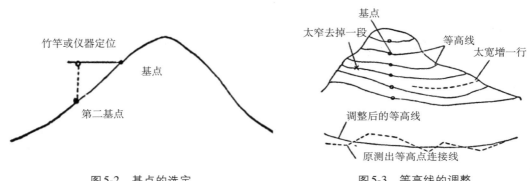

图5-2 基点的选定 图5-3 等高线的调整

修筑梯田应自上而下进行。首先在等高线上做清基工作，梯壁基的深浅由土层深厚而定，石壁或水泥砖梯田一般深0.5 ~ 1.0米，直至基层土或石基为止。清基宽度随梯壁加高而增大，一般为0.3 ~ 1.5米。基脚最好挖成外高内低，以增加梯壁的稳定性。在筑梯壁的过程中，必须边翻土边填土，把上坡的土翻至下坡，使梯田表面向内倾斜3°~ 5°，同时将梯田深翻。用挖土机或人工深翻时，一边翻土，一边将有机物翻入土中。每667米^{2}可翻入3 000 ~ 5 000千克新鲜有机物用于改土。

第二节　平原橘园的建立

平原的特点是：地势平坦，土质黏重，地下水位高，有机质含量低，澄江两岸的园土呈盐碱性，通透性能差，常受台风袭击。因此，在选择园地时，要求地下水位离畦面的距离不少于100厘米。规划平原橘园的原则：土地园林化、排灌水利化、种植区域化、品种良种化、管理专业化、运输操作机械化。

一、小区划分

小区划分应以便于管理及机械操作为原则，面积以1.0 ~ 1.3公顷为宜，通常南北长50 ~ 80米，东西宽150 ~ 200米。过小则土地利用不经济，过大不利于排灌和管理。一般以4～6个小区为一个大区。

二、道路设置

为了有利于交通运输及平时管理，橘园道路可分设小路、干路、大路三级。小区间的操作道路宽2～3米，通大区干路。干路宽3.5～4.5米，大区间互相连接并通公路。面积较大的橘园还应设宽7～8米的中心路。

三、水利设施

平原橘园水利系统的规划以有利于降低地下水位为原则。橘园的河道及沟渠、水闸应配套，供排水和灌溉之用。畦沟、围沟、支河、大河均应相通。围沟设在橘园四周及道路两旁，深1.2米以上，宽1米，畦沟深60～80厘米、宽50厘米为宜。如果橘园超过800米阔度的，中间要增加一条深1米、宽1米，连接围沟的腰沟，使地下水位降至1米以下，保证不少于60厘米。

此外，还要有自立门户的控水闸，使整个橘园的排灌系统和水稻区的水系分开，互不影响。

四、防风林设置

防风林应按地形设置，因地制宜，并结合塘坝、河道、道路等情况进行营造。起主要防风作用的主林带应与主要风害方向相垂直。副林带与主林带相垂直，成为网格式。主林带之间的距离视风力大小而定，一般每隔300～400米设一条。主林带的宽度最好为12～20米，副林带为8～14米。结合平原橘园已造的防风林效果来看，以上部紧密、下部疏朗的透风林型较合适，也就是采取乔、灌木混栽的防风林。乔灌木比例要根据土质而定，土质差的，乔灌木比例1：1或1：2；土质一般的，比例为3：2；土质好的，比例为3：1。防风林株行距视树种而定。

防风林的树种有：木麻黄、白榆、洋槐、紫穗槐、芦竹、青皮竹等。要在柑橘定植前营造好。

五、土地整理

1. **平整土地** 全园深翻破墒层。根据地下水位高度决定深翻的深度，以不挖入地下水位为原则，一般为40～60厘米。用挖土机或人工深翻时，一边翻土，一边将有机物翻入土中。每667米²可翻入3 000～5 000千克新鲜有机物用于改土。土地平整后即可按规划标准进行放样。

2. **深沟高畦（起垄）或筑墩** 按品种品系要求，定好株行距后，即可起垄或修筑橘墩。

起垄。地形较高排水畅通的平地橘园适用此方法。双行（隔行）开一条深沟，沟深40～60厘米，另一条浅沟10～20厘米，沟宽30～40厘米，将沟中的泥土搬放到畦面上，即成深沟高畦。

筑墩。地下水位较高的园地适用此方法。橘墩以平墩即荸荠形较好，能较好地吸水保水。作橘墩一般在秋后进行。先用仪器或竹竿确定橘墩的中心位置，然后在竹竿四周画1.5～2.0米直径的圆周。把圈内的土壤下掘30～40厘米深的穴，把表土放在一边，再分层施入腐熟的有机肥料至畦面平。用心土叠在橘墩周围，内填表土，并加150～220千克淡土筑成底宽1.8～2.0米、高80厘米、墩面75～80厘米的平墩。有条件的地方可全部利用客土筑墩，促使幼树速生丰产。切忌用沟泥或青紫泥作为橘墩的材料。

第三节 机械化橘园的建立

一、园地选择

应选择交通方便、地势平缓、土层深厚、年均积温、年日照时数、空气湿度和最低温等气象指标及土壤等条件，适宜主栽品种优质丰产和符合《无公害食品 柑橘产地环境条件》要求。

在地面坡度小于5°的地方可建机械化平地橘园，地下水位应在0.8米以下，并能快速将地表径流和地下水排出橘园；在地面坡度5°～15°的缓坡地建机械化橘园，坡面应相对平整规则，宜建设台面不小于4.5米的梯地橘园；在坡度>15°的山地则可以通过建设轨道作业系统等实现部分管理环节的机械作业。

二、道路设置

1. **园区干道** 在较大规模的橘园，应从园外主要交通干道规划建设一条有效路面宽度大于6米的园区干道，通达橘园中央或穿越橘园。园区干道宜硬化处理。

2. **橘园支路** 与园区干道连接，并贯穿橘园各种植小区，确保农业机械和运输机械等能顺利进入每一种植小区。果园支路有效路面宽度3～6米，在适当的地点设置间距不大于50米的会车道。橘园支路宜硬化处理。

3. **机耕道** 指连接公路干道、支路，供果园农业机械、农用物资和农产品运输通行修建的道路。应与园区干道、支路等连接，可与橘园支路重合，有效路面宽度3~5米，并在适当的地点设置间距不大于30米的会车道。机耕道可以不硬化处理。

4. **生产路** 指橘园内连接公路干道、支路或者机耕道，供机械设备和人员在橘园内无障碍通行并连通果园地块的通道。应与园区干道路、支路或机耕道连接，并与橘园地块的定植行无障碍连通，要尽量平直或呈均匀缓坡，便于农业机械从橘园作业出来后方便转向或换行；生产路有效路面宽度2.5～3.0米，不宜硬化。

建设时，按照设计方案，对园区干道、支道进行统一测绘放线，用推土机推出宽6米的干道和宽4米的支路，与乡村公路和耕道连接，贯通全园各作业区；用推土机推出宽2.5米的果园机耕道，连接支路和各定植行的机耕作业道；按照5.5米左右定植行距放线确定定植行中心线，用推土机沿果园定植行的行间中线推出宽2米的机耕作业道，将表土集中到定植行形成约15厘米高的弧形定植垄，垄间机耕作业道应平整、坡度均一，保持至少0.5%的比降坡度使行间不积水，并与支道或机耕道无障碍连接贯通。用小型挖掘机沿着支道和机耕道两侧开挖宽0.3米、深0.5～1.0米的排水沟。果园支路、机耕道均应建设泥结石路面或混泥土路面；行间机耕作业道只需推平、种草即可，确保路面不积水。

三、橘园作业区

平地橘园按照垂直于汇水线或排水沟的方向设置定植行，定植行保持一定比降以确保行间径流直接进入排水沟，防止定植区积水；橘园作业区应设置为长方形，定植行为作业区的长边，长边长度以100米左右为宜，便于机械高效作业，减小转弯或调头频次。

缓坡地橘园尽量设置为长方形，作业区的长边与等高线垂直；坡度较大时也可按盘山绕行方式划分作业区，倾斜的定植行便于行走式机械穿行和高效作业；不同坡面连接处需设置三角形缓坡小区，尽量实现相邻小区的机耕作业道连接相通。

浅丘山地橘园，可以按照山间谷地和山头等两类地貌分别进行作业区划分和设计，按照垂直于等高线或主排水沟的方向设置宽度为3米以上梯台，橘树种植行为等高线，尽量可容纳小型作业机械在等高梯台地通行作业。

四、水利系统

主要包括灌溉、排水、沉沙、蓄水等工程，以实现"干旱有水浇灌，大雨土不出园，中雨水不下山，雨过种植区不积水"为目标。

沿坡地橘园在种植区汇水线上设置顺坡的排洪沟或主排水沟，应遵守工程量少、线路较短、位于汇水线或低洼区、便于快速充分排出园区径流、不影响橘园机械通行的原则，一般要求深度和宽度均大于0.8米，上宽下窄，基础不牢固的区段应采用石块或混凝土预制板三面砌筑。

缓坡橘园主排水沟可采用"沟边带路"或"沟盖板成路"的方式建设，排水沟深度以保证种植区地下水位低于行间通道0.8米为宜，一般深度1.0米，宽度0.6～0.8米，比降为0.3%～0.5%，每隔30～50米设置沉沙函。便道旁的排水沟以上宽0.4～0.6米、底宽0.2～0.4米、深0.3～0.6米为宜。橘园种植区的排水沟都应以暗管或以盖板方式穿过道路系统，方便机械设备无障碍进出作业行。

平地橘园定植行之间的空地既是机械的作业通道，也是行间排水系统，因此要低于定植点地平面15厘米，并保证其平整和不积水。按照排水沟设计方案，先对汇水线上的主排水沟和其他各级排水沟进行测绘放线，开挖排水沟雏形，保证整个排水系统的高程、比降和规格协调合理，能够高效排出果园积水和径流；地面整理后保证地表径流能够全部流向排水系统，再用挖掘机开挖形成各级排水沟，精细整理，必要时砌边砌坎，形成排水系统。

蓄水系统：机械化橘园主要采用管道灌溉系统，因此需要在园区最低点或汇水点规划建设少量大型蓄水池。蓄水池与排水沟通过沉沙函、引流导沟等贯通，使排水沟中的水流先引入蓄水池进行集蓄。

灌溉系统：橘园智能灌溉系统包括首部加压系统和自动控制系统、输水管道系统、终端滴头或微喷头和微喷头润管等，可由专业灌溉公司设计和安装。尤其要注意滴灌或微喷灌终端最好使用长15厘米及以上、直径0.3厘米的微管与灌溉毛管连接，坡地果园不宜使用内嵌式滴灌管道系统。

五、地面整治及定植沟改土

按照规划设计方案，先对汇水线上拟建主排水沟放线，用挖机开挖形成主排水沟雏形；再用推土机将种植区地面削除田坎地坎、削高填低，形成向汇水线上的排水沟倾斜，形成均匀坡面和平整地面；最后按照所需比降和规格整理和建成排水系统。

用推土机将土面整治平整，然后根据设计进行定植中心线放线。沿定植行中心线用大、中型挖掘机开挖宽1米以上、深0.8米以上的改土沟，要求平直延伸，沟壁陡直，沟底平直而不积水。地面整治后，应当使用畜禽粪便等有机肥，种植豆科作物或者其他绿肥还田培肥土壤。

第四节　定　　植

一、定植前的准备

1. 品种、品系的安排　必须根据各地柑橘区划的要求和柑橘加工业的发展情况而定。

在黄岩现有柑橘品种中，适于山地栽培的有温州蜜柑、椪柑、杂柑类、甜橙类等品种；宜在平原及海涂栽种的有本地早、椪柑、温州蜜柑、杂柑类等品种。在安排品种时，应该早、中、晚熟品种合理搭配。

2. 栽植密度的确定　合理种植是提高单位面积产量和果实品质的重要措施。种植密度要依品种、砧木的特性、土质好坏、管理水平、梯面宽度而定。一般山地要比平地种植密些；枳砧木的比枸头橙砧木的种植密些；土层深厚、土质肥沃的坡地可适当稀植。一般成年橘园以行距4～6米、株距2～3米、每667米^{2}栽植60株左右为宜。

3. 苗木的选择　"好苗长好树，好树结好果"。苗木的好坏关系到今后生长快慢、投产早迟和产量高低。优良苗木必须品种品系纯正，砧穗组合适当，愈合良好，健全粗壮端正，有2～3个分枝，根系发达，无检疫性病虫害。最好选2～3年生大苗定植。苗木要进行分级栽植，壮苗、好苗先种，弱苗、小苗一般可先假植1～2年，待复壮后再带土移栽。

从外地采购苗木的苗数要掌握大于实际需要量的5%～10%，作为预备苗，供日后补植之用。经长途运输的橘苗，除做好包装和运输途中的管理外，松包前须把根部放在水中浸湿1～2小时，然后再松包、分株、定植。

二、橘苗栽植

1. 栽植时期　以春季气温明显稳定回升、橘树尚未萌芽时（3月中下旬）进行栽植为宜。无冻害、秋旱地区也可以在10月份进行秋植。夏季在6月梅雨期也可少量补植。定植时最好选择无风阴天，切忌西北风天气。苗木运到后，应尽快栽植，否则暂放荫处或假植，根部应避免风吹日晒和雨淋。

2. 种植技术　栽植前适当剪短过长的主根和过多的枝叶。在定植穴底部放入0.5～1.0千克钙镁磷肥和腐熟的有机肥1千克左右，与土壤拌匀，放入苗木。根系向周围舒展，勿使卷曲。然后将所掘表土逐渐填入根隙，嫁接部位应高出土面5～10厘米。用棒捣实填土，随填随捣，填土踏实。不带土的橘苗，要使根系与土壤间不留空隙；带土的要使土团与穴土间紧实密接，然后浇足定根水，再覆松土或盖草保湿。此外，风力较大的海涂和山地，还要立好防风杆，以防风吹摇动，影响成活。

3.**栽后管理**　栽后半个月左右，如干旱无雨，应每隔3～5天浇清水或0.2%尿素液，以保持土壤湿润，促使成活。如遇大风天气，橘苗出现卷叶时，应及时疏去部分叶片，保证树体水分平衡，提高成活率。

（温明霞　石学根）

第六章
土肥水管理

土肥水是柑橘优质丰产栽培的基础。土肥水管理不当，往往造成土壤结构的破坏、水土流失、有机质下降、土壤生物减少、矿物营养缺乏、土壤污染等一系列问题。因此，要合理地对柑橘园进行土肥水管理。

第一节 土壤类型及土壤管理

土壤是橘树生长结果的基础，是肥水贮存和供应的仓库。土壤的好坏和土壤管理的合理与否，直接影响土壤水、肥、气、热等条件的变化。了解黄岩柑橘园各类型土壤的特性，采取相应的管理措施，创造有利于柑橘生长的土壤条件，是土壤管理的主要目标。

一、黄岩植橘土壤的主要类型

黄岩的植橘土壤，因受地形、母质、气候等自然因素的影响，大体上可分为两个较大的类型。

1. **山地红黄壤**　在黄岩的气候条件下，成土母质逐渐自行分解，以硅酸盐为主要成分的岩石，经分解后的金属物质变成简单的离子状态，迅速地受雨水淋溶而消失，铁、铝等则变成含水氧化物。各种土壤的颜色均因含水氧化铁的颜色而变化，呈现出红、棕、黄、紫、灰等土色。山地红黄壤黏粒含量很高，钾、钠、钙、镁等金属离子流失很多，土壤胶体上吸附的氢离子较多，呈酸性或强酸性，土壤结构较差，养分贫乏。山地上受侵蚀和冲刷严重的地方，还形成一些山地石沙土。这类土壤土层薄，沙石含量多，自然肥力极低。经合理耕作和改良后，土壤肥力能很快提高，适宜栽培柑橘。

2. **澄江两岸钙质潮土和水稻土**　自山边至河边、江边，地形虽有起伏，但大体上都较平坦。面积较大的河网地带，如澄江、城关、院桥等老橘区，通常称平原橘区，属于海积平原，沉积物厚度20～30米，下层的青紫泥即为海洋沉积物。在泛滥时期，也有上游带下的冲积物堆积其间。按其培泥沙覆盖厚度不同，80厘米以下为青紫底；40～80厘米为青紫心；20～40厘米为青紫塥；20厘米以上部分为培泥沙土。上游成土母质以河流冲积物为主体，下游是浅海沉积物，中游则是两者交叉混合物。因此，近山边土壤多含石砾粗沙；上游土壤细沙土较多；中游以粉泥沙土为主，下游以黏土为主。这类土壤的海拔高度在15米以内，由于水利条件优越，土质疏松，土壤肥力高，适宜柑橘栽培，易获得优质高产。

二、土壤管理的主要方法

加强柑橘园的土壤管理，克服土壤各类型中不利于柑橘生长的因素，改善土壤结构，维持和增进地力。

1. **深翻改土**　柑橘树生长的好坏，经济寿命的长短与土层深浅有着密切的关系。一般来说，土层深厚、土质肥沃、土壤理化性状良好，则橘树根系旺盛，树势强健，抗性较强。反之，土层浅薄，则根系分布浅，易受自然灾害的威胁，树势衰弱，结果性能相应下降，经济寿命大大缩短。但对柑橘类植物来说，土层也不是越深越好，因土层过深，会延迟橘树投产的年限。因此，土层达70厘米左右，就能满足丰产的需要。

深翻改土必须根据橘树立地条件的具体情况而定。如栽橘前的山地表土层太薄，下面是岩块或岩板，则应采用爆破法拆岩，用客土加厚土层，然后才能种橘。如表土层下面是黏土层或砾石层，地下水位虽低，但由于土层不透水，不通气，土壤缺氧，根系生长受阻，砾石层则能阻断部分或大部分毛细管水的通道，上层土壤太干燥，影响橘根生长。对这两种类型的土层，应破开黏土层或砾石层，填入疏松表土和有机肥料，改善底土层的通透性，加厚耕作层，方能种橘。

如栽后发现橘树生长不良，表土层下面属于上述情况者，需对橘树表土层下部进行穴状或环沟状局部深翻，改良土壤。在老橘区的老橘园，底层泥土长期未经松动，黏结成层，这种土层不但不透水、不通气，而且还留有大量橘根代谢过程中对橘类植物有害的分泌物，这类土壤更应重视深翻。由于翻土深度要求达到50～60厘米，对每株橘树来说，可采用穴状或沟状局部深翻，轮流进行，使橘树底土和表土逐年调换，改善橘园底土的通气条件。

普通深翻，每年秋冬季在0～15厘米范围内的耕作层中进行翻动，增加耕作层的通透性，截断毛细管水向上的通道，保湿作用较好，对橘树生长有一定的益处。深翻要与增施有机肥和深施肥相结合，才能取得良好的效果。

2. **客土培土**　橘园培土，是增厚土层、改良土壤、提高土壤肥力的有效措施。黄岩橘农每年在小雪前，给每株橘树加土100～200千克，冬至前敲碎，覆盖畦面，这一措施具有保暖防冻的效果。平时在雨后掀土一次，将沟底泥土覆盖到外露的橘根上，起保湿护根作用。利用客土培土，使各种土种得以取长补短，既改善土壤的物理性状，又提高土壤的自然肥力。

适量培土有利柑橘增产，但应避免过量培土。如兴修水利期间，渠道加深加阔所挖出的泥土压到附近的橘园中，由于泥土太厚而影响橘根呼吸，致使许多橘树死亡。

3. **适当间作**　在橘园中种植一定数量的间作物，可提高土地和光能的利用率，增加经济效益，间作物遗留下来的根系残体，能增加土壤有机质含量，从而提高土壤肥力。在雨季，间作物能减轻水土流失，旱季则起覆盖降温作用。

选择间作物时，应选用浅根矮秆、耐阴性强、茎叶繁茂、对土壤有覆盖作用，并与橘树无共同病虫害的作物。黄岩橘农通常选用豆科植物或蔬菜类作为橘园间作物。栽植间作物时应注意避免间作物距离橘树太近，特别是幼龄橘树，因单年生的间作物生长极快，如距离太近，易覆盖住小橘树，影响主栽作物。即使是大橘树，也应种到树冠滴水圈以外。

4. 计划生草和除草 计划生草，即在春夏多雨季节实行免耕，对橘树施肥部位以外的地面免耕，让杂草丛生；选择合适的杂草种子进行播种，有计划地繁殖杂草。利用杂草在橘园内生产有机物质，让各种杂草的根系在土壤中纵横交错。由于根的生长压力和吸收水分，使根系周围的土壤收缩，根毛和土壤紧密粘合，根死亡后生成的腐殖质等能促进土壤团粒结构的形成。计划生草还能降低土壤pH，杂草根系分泌有机酸，中和碱性。计划生草必须与化学或人工除草相结合，在梅雨季节即将结束、春草和夏草迅速生长时期，或在杂草将要进入开花和结籽时期将草除去。

5. 地面覆盖 覆盖是保持橘园水土的有效方法。利用稻麦秆等有机物作覆盖物，除防止土、肥流失，增加土壤有机质外，春季能提高地温，而地温的高低又与树体春梢生长量成正相关。采用地膜覆盖，雨季防止过多的水分透入土层，旱季阻止地面蒸发；地面覆盖稻麦秆或薄膜，还能增加橘树内膛反射光的强度，使树冠内部抽梢量增加，结果量也相应增多。春季覆盖时间以3月下旬至4月上旬为宜。

第二节 缺素症矫治及施肥

柑橘树生长发育所必需的常见营养元素有16种，碳、氢、氧三种元素来自空气和水，其余13种元素均取之于土壤且依靠施肥得到补充。但由于受土壤理化性状等因素的影响，有些营养元素难以被橘树吸收利用，从而表现出缺素症状，需要在养分管理过程中及时预防并矫治。

一、主要缺素症状及矫治

黄岩区柑橘园的缺素症，主要包括山地酸性红黄壤的缺镁、缺硼，澄江两岸盐碱性土壤中的缺铁、缺锰、缺锌等。

1. 镁缺乏症状 一般在山地酸性红黄壤柑橘园中发生。从柑橘果实膨大开始到着色，如土壤镁素供应不足，则可以看到结果越多的树，叶片黄化越严重。缺镁一般在老叶上发生，在同一树上，果实附近的结果母枝或结果枝叶上容易见到缺乏症状。病叶的症状表现为与中脉平衡的叶身部位先开始黄化，黄化部位多呈肋骨状，叶片基部常保持较久的绿色倒"三角形"。柑橘缺镁时，冬季落叶严重。

缺镁矫治。酸性土壤施含镁肥料。每年每667米^{2}施50～60千克镁石灰（碳酸镁）或钙镁磷肥；缺镁严重的树，每棵施用氢氧化镁或氧化镁300～500克，可与春肥或夏肥一起施；叶面喷施，在5月份以后每月喷施1次1%硝酸镁，或喷0.5%氧化镁，或1%硫酸镁溶液，连续3次，效果较好。

2. 硼缺乏症状 柑橘缺硼时，表现为新梢枝叶生长不良，叶片萎蔫或皱缩，叶呈畸形，叶面上有水渍状斑点。随着病情加重，叶脉发黄增粗；新梢丛生；出现大量落花落果，幼果发僵发黑，成熟果实变小变硬（俗称石头果），果皮粗糙，果肉干瘪，淡而无味，内果皮层有褐色胶状物。严重时，顶端生长受到抑制，树上出现枯枝落叶，树冠呈秃顶现象。

缺硼矫治。柑橘缺硼时，可用0.1%～0.2%的硼砂或硼酸溶液喷施树冠进行矫正。由于硼在冷水中不易溶解，应先用少量热水溶解后，再倒入一定量的冷水中搅拌均匀。同时可加等量石灰，以增加硼液在叶片上的附着力，并可防止药害。也可将硼砂或硼酸溶液按0.1%的浓度加入到人粪尿中浇施根部。由于柑橘需硼范围较窄，施用过多容易发生中毒，因此要控制施用量。对容易发生柑橘缺硼症的山地红黄壤及沙性土壤的柑橘园，要有计划地施用硼肥，在每年盛花期及谢花后10～15天喷1～2次硼砂或硼酸溶液。也可用含硼量高的叶面肥，如翠康金朋液、速乐硼、流体硼等。

3. **铁缺乏症状**　柑橘缺铁时，一般先表现为幼嫩新梢叶发黄，但叶脉仍然保持绿色，脉纹清晰可见。随着缺铁程度的加剧，叶片除主脉外，其他部位均褪至黄色或白色。严重时，仅主脉基部保持绿色，其余全部发黄。叶面失去光泽，叶片皱缩，边缘变褐并破裂，提前脱落。但同一病树上的老叶则仍保持绿色。由于柑橘缺铁症状明显，叶色黄绿之间反差大，所以易从形态症状上加以识别。但生长在碱性和石灰性土壤上的柑橘树，叶片发生黄化症状的不单是缺铁症，尚有可能伴随缺锰、缺锌等微量元素的缺乏症。这就需要通过叶分析方法加以验证。

缺铁矫正。埋瓶吸铁：5～6月份，将直径0.5厘米粗的细根剪断后，浸入盛有4%柠檬酸和6%硫酸亚铁混合液的瓶中，再把根和瓶放入土中，瓶口向上，使铁通过剪断的根伤口进入体内运输到各部位。靠接增根：在缺铁症橘树砧上部的主干部位靠接枸头橙、本地早、朱栾、高橙等砧木品种，具有良好的吸铁效果。一般在主干附近种2～3棵砧木，春季靠接在主干上。根治措施：一是施用有机肥和绿肥，或与硫黄等改良剂混合翻入土壤。提高碱性和石灰性土壤中的有机质含量，增强土壤缓冲性和降低土壤pH，二是选择上述吸铁效果好的砧木品种，防止缺铁的发生。

4. **锰缺乏症状**　典型的缺锰症是仅叶脉保持绿色，叶肉变成淡绿色，即在淡绿色的底叶上显现出绿色的网状叶脉，但并不像缺铁和缺锌的反差明显。症状从新叶开始发生，严重时老叶也能显现症状。

缺锰矫治。当柑橘缺锰时，可在5～6月每隔10天左右喷施0.3%硫酸锰溶液一次，连喷2～3次。对缺锰症的石灰性柑橘园，一般在增施有机肥的同时，掺施硫黄粉，一般每667米^{2}施75千克左右，将pH降至6.5。

5. **锌缺乏症状**　锌是碳酸酐酶的组成成分，能促进树体内碳酸的分解，增强光合作用，还与形成生长激素的先驱物质色氨酸有关。锌在叶绿素合成中是不可缺少的，缺锌时柑橘抽生的新叶随着老熟叶脉间出现黄色斑点，逐渐形成肋骨状的鲜明黄色斑驳；严重时，新叶变小，抽生的枝梢节间缩短、呈丛生状，果实也明显变小。

缺锌矫治。一般在新梢期，喷施0.1%～0.3%的硫酸锌溶液2～3次，间隔10天左右。

二、肥料类型及功能

肥料品种繁多，根据其性质和形态，可分为有机肥料、化学肥料、复合（混）肥料、微生物肥料四大类（表6-1）。总的说来，有机肥料含氮、磷、钾等大量元素和各种微量元素，养分全面，富含有机质（表6-2），养分不易被土壤固定，肥效长但见效慢；长期使用可改良土壤物理和化学性质，提高土壤肥力；根系生长良好，树体健壮，能连年获得优质丰产。无机肥料养分含量高，见效快，但养分单纯，肥效短；养分容易被土壤固定或挥发、淋失，长期使用易使土壤板结、土质变坏，橘树生长不良，容易发生各种缺素症等，其他特性见表6-3。所以在肥料使用上必须采取有机肥与无机肥配合，以有机肥为主、无机肥为辅的原则。

表6-1 柑橘常用肥料种类

柑橘用肥料	有机肥料	人、畜、禽粪尿（包括厩肥） 泥肥 堆肥（包括杂草、垃圾、沤肥、焦泥灰） 绿肥（包括稻草、秸秆、甘蔗渣等） 饼肥 骨粉 鱼肥
	无机（化学）肥料	氮肥　尿素、硫酸铵、碳酸氢铵等 磷肥　过磷酸钙、钙镁磷肥、重过磷酸钙等 钾肥　硫酸钾 钙肥　石灰、石膏等 镁肥　氧化镁、硫酸镁等 微量元素肥料（包括稀土微肥）
	复合（混）肥料	化学合成复合肥　磷酸铵、磷酸二氢钾等 配合复合肥（包括缓效复合肥） 混成复合肥（包括有机—无机复合肥）
	微生物肥料	根瘤菌（剂）肥料　大豆根瘤菌、苜蓿根瘤菌等 固氮菌（剂）肥料 磷细菌（剂）肥料 抗生菌（剂）肥料

表6-2 常用各种有机肥料成分（单位：%）

肥料种类	氮素 (N)	磷素 (P_2O_5)	氧化钾 (K_2O)	有机质
粪尿类：				
猪粪	0.60	0.45	0.50	15.00
猎尿	0.30	0.13	0.20	2.50
牛粪	0.30	0.25	0.10	14.50
牛尿	0.80	微量	1.40	3.00
羊粪	0.75	0.60	0.30	28.00
羊尿	1.40	0.05	2.20	7.20
鸡粪	1.63	1.54	0.85	25.50

（续）

肥料种类	氮素 (N)	磷素 (P₂O₅)	氧化钾 (K₂O)	有机质
鸭粪	1.00	0.40	0.60	26.20
鹅粪	0.55	0.54	0.95	23.40
绿肥类：				
紫云英	0.40	0.11	0.35	11.00
苕子	0.56	0.13	0.43	15.00
黄花苜蓿	0.55	0.11	0.40	15.50
蚕豆	0.55	0.12	0.45	19.00
豌豆	0.51	0.15	0.52	17.50
田菁	0.52	0.07	0.15	19.00
绿豆	0.52	0.12	0.93	—
肥田萝卜	0.27	0.06	0.34	—
印度豇豆	0.52	0.12	0.73	—
油饼类：				
大豆饼	7.00	1.32	2.13	78.50
花生饼	6.32	1.17	1.34	85.50
棉籽饼	3.41	1.63	0.97	82.20
菜籽饼	4.60	2.48	1.40	83.00
茶籽饼	1.11	0.37	1.23	81.80
桐籽饼	3.60	1.30	1.30	—
杂肥类：				
生骨粉	4～5	15～20	—	—
粗骨粉	3～4	19～22	—	—
牛羊骨粉	0.06	18～20	微量	—
骨粉	1～2	19～34	—	—
骨灰	0.06	40.00	—	—

表6-3　常用氮磷钾无机肥料成分及其适用性（单位：%）

肥料种类	氮素（N）	磷素（P_2O_5）	钾素（K_2O）	肥料酸碱性	宜用土壤
氮肥：					
硫酸铵	20～21			生理酸性	海涂最适
石灰氮	20			碱性	酸性土壤
尿素	46			中性	各种土壤
碳酸氢铵	17			无残留	各种土壤，宜深施
磷肥：					
过磷酸钙		14～18		强酸性	海涂或石灰性土壤
重过磷酸钙		36～52		强酸性	海涂或石灰性土壤
磷矿粉		20		微碱性	酸性土壤
钙镁磷肥		14～18		碱性	酸性土壤
钾肥：					
硫酸钾			48	生理酸性	海涂最适
木灰		4	10	碱性	酸性土壤
草灰		1～2	5	碱性	酸性土壤

三、施肥技术

1. 肥料配合

（1）大量元素和微量元素肥料配合。由于大量元素和微量元素的生理功能相互不可代替，所以彼此不可缺少。若缺少某一种元素，就会产生营养失调，出现缺素症，影响树势、产量和品质。因此，在计算出氮、磷、钾大量元素施用量进行施肥的同时，还应根据土壤类型及叶片缺素情况，通过根外追肥及时补充微量元素肥料。

（2）有机肥与无机肥配合。有机肥最好和化肥配合使用，速效与迟效结合，充分发挥肥效，同时有机肥分解产生的腐殖酸，有吸收 NH_4^+、K^+、Mg^{2+}、Ca^{2+} 和 Fe^{3+} 等离子的能力，可减少化肥损失。果园大量使用有机肥，可改良土壤物理特性，提高土壤肥力，改善土壤深层结构，有利根系生长，不易出现缺素症，特别是磷肥（如钙镁磷肥）应与有机肥混合堆制腐熟后适当深施，使根系易于吸收，防止被土壤固定和流失。植株生长旺盛季节，应以速效性化肥为主，配合有机肥料，及时供给植株需要的养分。

（3）肥料相互混合。肥料可以单施，有些肥料也可以混合施用。为了使肥料发挥最大效果，生产上常将几种肥料混合施用，既可同时供给柑橘所需的数种养分，又可使几种肥料互相取长补短，或经过转化更有利于吸收和提高肥效，还可减少操作次数，提高劳动效率，节省工本。但是有的肥料混合后应立即使用，有的肥料不能混合，否则会引起肥料的损失，降低肥效，或使肥料的物理性变坏，不便使用（图6-1）。

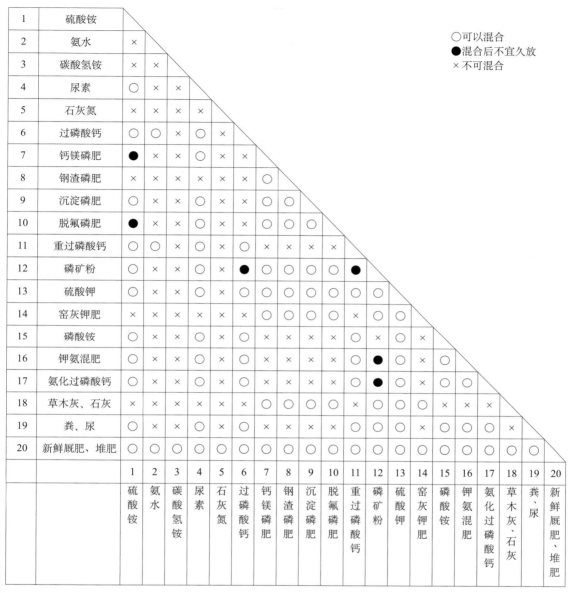

图6-1　各种肥料混合情况

2.施肥方法

（1）地面施肥法。常用方法主要有下列几种，见图6-2。

环状沟施肥：在树冠滴水线外侧，挖一条环沟或半环沟，沟宽30～40厘米，深20厘米左右，或以见须根为度，或断部分细根。此方法多用于青壮年树，方法简便，用肥经济集中。

扩穴施肥：在幼树原定植穴的外缘，挖深80～100厘米、宽50～100厘米的环状沟，结合压埋绿肥等有机肥进行施肥。有机肥要分层施，即一层肥一层土，这样有利于有机质的腐烂分解，改良土壤结构，提高肥力，为根系生长创造良好的环境。用3年左右的时间把全园深翻一次。

盘状施肥：离树干20～30厘米处至树冠滴水线外缘范围，耙开表土深10厘米左右，形成盘状，做到里浅外深。将肥料均匀撒施后，及时覆土。干旱季节，应先浇水后施肥，切忌燥施，防止肥料过浓而伤根。该方法适用于土层浅或地下水位高的成年橘园。

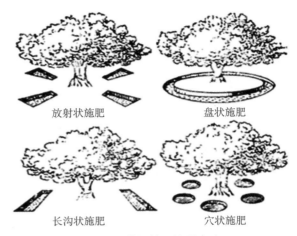

图6-2 常用地面施肥方法

放射状施肥：距树干30～50厘米处，依树冠大小，向外开放射状沟4～6条，沟宽30厘米左右、长50～60厘米、深10～30厘米（里浅外深），将绿肥与人粪尿等有机肥和化肥混施，酸性橘园可掺施石灰，碱性橘园可掺施硫黄粉，施肥后及时覆土。以后逐次轮换开沟位置，以至全园。这种施肥方法有利根系外伸，扩大树冠，并具有改土作用。该方法对成龄橘园施肥，结合根系轮换更新较适宜。

长沟状施肥：在树冠滴水线外围东、西或南、北两方，开深20～40厘米、宽30～50厘米、长为树冠1/3～1/2的平行沟，每次轮换开沟位置，并随着树冠的扩大而往外推移，直至全园。这种方法伤根少，也有改土效果，适合成年橘园深施有机肥和绿肥时使用。

穴状施肥：为了减少磷钾等肥料的流失和固定，并避免伤根过多，在树冠滴水线周围，挖直径30～50厘米、深30～50厘米的施肥穴4～6个。挖穴位置逐次轮换。这种方法适合通透性差的黏土和粉沙土柑橘园施用速效肥料和磷钾肥料时采用。

深浅结合法：这种施肥是将盘状施肥法与穴状施肥法结合进行，即在盘状的基础上再开数穴（一般在盘的外围，即滴水线附近开穴），使施入肥料分散在不同土层，有利不同深度的根系吸收。施肥效果较好，适合成年橘园施用速效性肥料时采用。

地面撒施：在下小雨前后，将尿素、复合肥等肥料均匀撒施在土壤表面，依靠雨水将肥料溶入土中，或在撒施后结合中耕将肥料翻入土中。这种方法节省劳力，如不中耕，肥料利用率不能保证。

喷滴灌施肥法：这是近年来采用的一项新技术。通过喷滴灌系统结合灌溉进行施肥，需要有肥料容器及排射器作辅助设备，喷头和滴头也要特制的。该方法用肥经济，且可自动化，但设备条件要求较高。

（2）叶面喷肥法。在橘树发生缺素症，或遇到冻害、水害、旱害等自然灾害时，为补充根系吸收养分的不足，可采取叶面施肥法，随时补给养分，但不能取代土壤施肥。各种水溶性速效肥料，只要对叶片和果实无药害，都可用作叶面肥。目前生产上常用的各种叶面喷肥的浓度列于表6-4。配制溶液时要严格掌握使用浓度，尤其是微量元素，浓度过高往往会引起药害，浓度过低则效果不明显。尿素中，缩二脲含量高于0.25%的劣质尿素不宜用作叶面肥，否则，使用后会产生缩二脲中毒，出现叶尖黄化，叶片寿命缩短，提早落叶。过磷酸钙或草木灰要在水中浸泡12～24小时后，用上层澄清液或滤液喷施。叶面肥因成本高，多用于保果。

喷施时期，一般在新叶、新梢生长期，即在叶组织未老熟前进行，其中以春梢生长期和幼果期效果最好，叶片老熟后则吸收效果下降。9～10月果实成熟期不宜叶面喷肥，以免影响果实品质；果实采收前20天内停止施叶面追肥，以生产无公害果实。喷施时间以阴天或早晚效果较好，切忌在烈日的中午和雨天进行根外追肥。

表6-4 柑橘叶面喷肥溶液浓度

肥料种类	浓度（%）	肥料种类	浓度（%）
尿素	0.3～0.5	硫酸锌	0.1～0.3
硫酸铵	0.3	环烷酸锌	0.67
过磷酸钙	0.5～1.0	硫酸锰	0.1～0.3
磷酸二氢钾	0.2～0.5	硫酸铜	0.01～0.05
硫酸钾	0.3～0.5	硼砂	0.1～0.2
草木灰	1.0～3.0	硼酸	0.1～0.2
磷酸氢钙	0.3	钼酸铵	0.01～0.05
硫酸镁	0.1～0.2	高效复合稀土微肥	0.3～0.5
柠檬酸铁	0.1～0.2	高效复合肥	0.2～0.5
硫酸亚铁	0.1～0.2	百富农叶面肥	0.3～0.4
螯合铁	0.1～0.2	增产菌	0.25～0.5

喷施次数则依树势和缺素情况而定，幼树、强势树或结果少的树，少喷或不喷；弱势树或花多、果多的树应多喷。在芽期和抽夏梢期间应停止使用根外追肥。一般大量元素多喷几次不会有大的坏作用，而微量元素在连喷2～3次后，如果缺素症状消失，就不必再喷。由于柑橘对微量元素比较敏感，喷施次数过多，会引起过剩危害。

3. 特殊施肥技术

（1）高接更新树的施肥。

高接前一年：对准备高接的树，在前一年就要加强肥水管理，增加施肥量，特别是施堆肥、饼肥、栏肥等有机肥的话，要在前一年的6～7月上旬施入，中耕后，使树7～8月多发根。这样能促进高接后多发根，有利于生长。

接后第一年（当年）：首先要采用叶面喷肥，从发芽开始，用柑橘叶面肥或0.3%尿素加0.2%磷酸二氢钾溶液，每隔10～15天左右喷1次，一直喷到第一次新梢老熟为止，使叶面积迅速扩大。其次是地面施肥，原则上薄肥勤施，如肥料过浓会伤害根系。肥料最好选用有机复合肥、栏肥、堆肥、菜籽饼、豆饼、鱼粉等有机肥。在第一次梢停止生长时，每667米²施纯氮约1.5千克的有机或无机复合肥，在降雨前地面撒施或兑水成0.5%的溶液浇施，或选用上述有机肥。7～8月第二次发芽结束后，以每667米²纯氮1.0～1.5千克的用量，隔10～15天施1次，连施2～3次。如遇干旱，必须进行灌水。肥料最好是用有机肥。在9月下旬的秋雨时期，可施用速效性化肥，如磷酸铵类的肥料（每667米²1.5～2千克纯氮），促进10月发根。有冻害的地区,每年都要抹除晚秋梢。

接后第二年:因上一年仅在表土层发根,且发根量少,根柔弱,所以春肥用量要少,以每667米²纯氮1.5～2.0千克的用量,在3～4月各施1次;由于春季温度较低,宜用化肥。如果在5月能看到新根发生,说明树体恢复较好。5～6月每667米²用含纯氮2千克的有机或无机复合肥施用2次。7～8月正处于高温季节,肥料的分解和消化作用快,可用有机复合肥(每667米²含纯氮4～5千克),每个月施1次;如用化肥,应将每667米²含纯氮4～5千克的用量分2次施用,以免伤根。在无冻害的地区,9～10月可使用化肥,用量每667米²约为纯氮2千克,还可以在嫩梢期叶面喷肥。此外,第二年必须疏除全部的花和果实,以促进发根和恢复树势。

接后第三年:由于树冠已大致恢复,叶片数和第二年的发根量亦有足够数量,所以从春肥起可采用常规施肥。但是为了继续恢复树势,避免伤根,一次的施肥量宜少不宜多,尤其是化肥,一次的用量宜分两次施。

地面管理:由于发根的趋氧性,表土层首先发出大量的新根,且中下层细根几乎全部枯死,所以高接后第一至第二年,每次施肥后绝对不能中耕,更不能深翻,同时在高温干旱季节(夏季)和冬季,要做好地面覆盖工作。覆草可调节土壤温湿度,促进发根和保护新根。

(2)省力化施肥。省力化施肥就是从常规年施肥4～5次减少到2次,甚至1次。其主要特点是施肥次数少,施肥量足,时期准,达到省工、省本、高效的目的。

施肥时期:一年2次施肥,第一次施壮果肥在6月下旬至7月上旬,作用是促进幼果迅速膨大,增加产量;同时,施入的壮果肥到果实成熟期(9～10月)几乎已被大量吸收,土壤肥力,特别是氮肥处于较低水平,有利于果实提早着色,改善品质;第二次施采果肥在10月下旬至11上旬花芽分化前,作用是促进花芽分化,提高花质。待到翌年5月中旬至6月下旬,施入的采果肥已被大量吸收,土壤肥力也逐渐下降,有利于抑制春、夏梢的旺长,有效防止落花落果。采果肥要求在采果前后及时施入,促进橘树恢复树势。如果天气干旱,施肥后要及时灌水。沿海地区常有台风侵袭、潮水倒灌(淹水)的海涂橘园,如施壮果肥后1个月内遇到淹水,肥料在淹水条件下会形成有毒物质,加重树体危害,所以可改用春肥(2月下旬至3月上旬)和采果肥,再加夏季叶面喷肥。如果一年施一次肥,可在6月中下旬或10月下旬施。必须使用有机肥或有机物占60%～70%的有机复合肥;除9～10月外,其他时期应根据树势、叶色,进行数次根外追肥。

肥料种类:肥料要以有机肥为主,搭配少量无机速效肥,氮磷钾配比合理。有机肥以腐熟厩肥最理想,速效肥用尿素,氮磷钾复合肥,也可用含有机物70%左右的柑橘专用有机复合肥。

技术要求:采用省力化施肥,要求果园土壤具有保水、保肥、疏松通气等优良物理性状,土壤肥沃,有机质含量达到2%以上,如土壤有机质含量低,应增施有机肥,待培肥土壤后再进行省力化施肥。其次,要求有机肥质量好,一般每667米²产量2 500千克左右的橘园,施腐熟厩肥1 500～2 000千克,或绿肥、腐熟垃圾3 000千克左右。在氮磷钾比例上,要针对树龄、土壤肥力状况进行适当调整。幼龄树增加磷、钾比例,老龄树增加氮肥比例。

（3）温室栽培园的施肥。一般在果实采收后施腐熟堆肥，施肥量每667米²为1 500 ~ 2 000千克，约为露地果园施肥量的1.3 ~ 1.5倍，在花期、果实膨大期、新梢生长期，可根据树势、花量多少，追施速效性肥料。对结果多的树定果后株施复合肥0.25千克。另外，可采用根外追肥，选用0.2%磷酸二氢钾加0.2%尿素，或其他柑橘专用叶面肥，尤其是开花前后进行根外追肥较为重要，因为此时土壤温度较低，根系活力较弱。

（4）箱栽施肥。箱栽柑橘能提高果实糖度2°~ 3°Brix，容器一般采用容积为60 ~ 100升的聚丙烯或聚氯乙烯容器，要求圆桶形，四周无孔洞，底部开孔，排水良好，一般70升容积的容器可维持8年以上。

土壤：要求使用微酸性的山地红黄壤土壤，除去石砾后，拌入30%的堆肥作为培养土。在栽培过程中，由于频繁浇水，土壤会流失，所以每年要注意补充培养土。

施肥：箱栽中肥料易被植株吸收，也易流失，所以一次性施肥量不宜过大。施肥方法依肥料种类而定，可以在冬季施一次有机肥（占全年施肥量的40%）作基肥，生长季节看树势、叶色追施速效性肥料。如果用速效性肥料，则采用以夏肥为主，分春、夏、秋3次施肥的方法，春肥、夏肥、秋肥比例为25 ：45 ：30，每次用肥量最好分2次施，以免伤根。

（5）防根布限根栽培施肥。所谓防根布栽培，就是在田间定植穴中铺上防根布，形成一个一定大小的布袋，在袋中填入含堆肥30%左右的土壤，种上柑橘，将根系限制在袋中生长。防根布要求牢固耐用，具有透水性，价格便宜，一般选用具有耐光性的黑色布，布袋的容积大小为150 ~ 300升，以300升较常用。每667米²栽种222株（株行距1.5米 × 2米），定植第三年就可生产出糖度12°Brix以上的优质果，并获得2 000千克的产量。

施肥：容积300升的防根布栽培的施肥量及施肥方法参考表6-5。施肥的方法与注意点与箱栽相同，但是有机肥易繁殖土壤生物，造成布穿孔，而且易使布霉烂，影响使用年限，所以尽量不要使用有机肥，以化肥和复合肥为主进行施肥。因其容积与树冠较大，每株树的施肥量要比箱栽的多。

表6-5　日本静冈县300升防根布栽培施肥量　[单位：克/（株·年）]

树龄（年）	N	P_2O_5	K_2O
≤3	50	20	40
4~6	80	30	60
≥7	100	40	80

第三节　水分生理及管理

水分是柑橘生长发育的重要条件，在柑橘生产中起着十分重要的作用。水既是柑橘的重要组成成分，又是溶剂和载体，是光合作用和蒸腾作用的原料，并直接参与生理代谢活动。

一、柑橘生长发育对水分的要求

1. **柑橘的需水量**　首先柑橘体内需要大量水分，其木质部含水50%，果实含水

80% ～ 90%，叶、根尖、形成层等部位含水80% ～ 95%。其次，柑橘的蒸腾作用及其他生理活动需要消耗大量水分。根系经常不断地从土壤中吸收水分，同时又不断地通过树体将水分消耗或散失到环境中去。据试验，一株成年温州蜜柑在一年中要散失掉9 000千克水分。

2. **水分与枝梢生长** 如果水分供给充足，柑橘一年中能抽生3 ～ 4次梢，枝梢健壮；水分缺乏，则抽梢推迟，甚至不抽梢，即使抽生枝梢也纤弱而短小，削弱树势。

3. **水分与开花、结果及果实品质** 柑橘在花期缺水，花枝质量差，开花不整齐，花期延长，甚至造成落蕾落花，影响产量。果实膨大期缺水，会阻碍果实的生长，小果显著增多；果实成熟期雨水过多，会使果实糖度降低，温州蜜柑浮皮果增多，严重影响品质。大旱后突降暴雨，则会产生裂果。伏旱时间过长，往往发生大量秋花，消耗养分，影响翌年花芽分化。

二、灌水

1. **灌溉水质** 要求灌溉水无污染，水质应符合NY5016标准中的规定。

2. **灌水时期** 柑橘树在春梢萌动及开花期（3 ～ 5月）、果实膨大期（7 ～ 10月）及采后对水分敏感。此期发生干旱应及时灌溉。

3. **灌溉适期与灌水量** 柑橘园是否需要灌水，不能仅凭叶片萎蔫卷曲来判断，叶片萎蔫卷曲表示柑橘已受旱灾，此时灌水为时已晚。

（1）灌溉适期。可用测定土壤含水量来确定。方法是：选择有代表性的取样点，分层取0 ～ 20厘米、20 ～ 40厘米、40 ～ 60厘米的土样装入铝盒内，贴上标签，连同铝盒称重后，放入105℃的烘箱中烘干6 ～ 8小时，放在干燥器内冷却后称重，再烘1 ～ 2小时，冷却后再次称重，两次恒重即可。土壤含水量可用下式求出：

$$土壤含水量（\%）= \frac{湿土重（克）- 烘干土重（克）}{烘干土重（克）} \times 100$$

需要灌水的土壤含水量标准，见表6-6。

表6-6 **土壤需要灌排的含水量标准**（%）

土壤质地	需要灌水	需要排水
沙质土	<5	>40
壤质土	<15	>42
黏质土	<25	>45

另外，比较科学而方便的方法是用张力计测定土壤水势。根据要求，张力计可以埋入不同深度的土层内，测出各土层的水势。在柑橘根系密集层，当张力计水势达到6×10^4帕时，表明土壤水分缺乏，需要马上灌水。

（2）灌水量。柑橘园的灌水量确定，要考虑土壤的干燥程度，一次灌水量可按下式计算：

$$灌水量（毫米）=\frac{（田间持水量-灌水前土壤含水量）×土壤容重（克/厘米^3）×根深度（毫米）}{100}$$

4. 灌水方法 柑橘园的灌溉方法可分为以下几种。

（1）沟灌。在淡水源充足的地方，利用自然水源或机电提水，开沟引水灌溉。适合于平地、坝地及丘陵梯田果园，也适合于有淡水源的海涂橘园。一种方法是在树冠滴水线下开环沟，在橘树行间开一大沟，水从大沟流入环沟，逐株浸灌。梯田可利用背沟灌水。另一种方法是大水漫灌，将水灌入橘园围沟和畦沟，以浸没畦背为度。灌后应适时覆土和松土，以减少地面蒸发。

（2）浇灌。在淡水源较缺、幼龄果园及零星种植的园地可以采用挑水浇灌。结合施稀薄人粪尿，浇水后也要适时松土。

（3）喷灌。喷灌的优点是省工省水，不破坏土壤团粒结构，增产幅度大，不受地形限制。装置有固定式、半固定式和移动式三种。喷水时强度不能过大以免造成水的径流损失和土壤流失。

（4）滴灌。用水泵将水压入一系列管道和与此相连的特殊毛管滴头，让水一滴一滴地渗入土壤湿润根系。滴灌用水最省，且能保持土壤结构，避免土壤过干过湿。在淡水源缺乏而土质砂性严重的果园，滴灌最好。为防止滴头阻塞，灌溉水中应滤去沙、有机物等杂物。

三、排水防涝

梅雨季节、台风季节及多雨季节，要及时清淤，疏通排灌系统。河谷、水田、江边及海涂地区等地势低的果园积水时，应通过沟渠及时排水，以防涝害。柑橘受涝害后往往发生霉根、黄化、枯枝、落花、落果等，对这些受涝树应及采取下列保护措施：首先，清除积水，及时松土；其次，扒土晾根，即扒开树盘下的土壤，加速水分蒸发，使根系通气，晾根1～2天后再覆土护根；第三，追肥促根，施用经过腐熟的骨粉、焦泥灰、厩肥、磷肥，以促生新根；第四，根外追肥，喷0.3%尿素溶液，或0.3%磷酸二氢钾溶液；第五，适当修剪，剪除弱枝和枯枝，摘去所有或部分果实，保树成活。此外，树冠喷药预防炭疽病，地面喷波尔多液杀菌消毒。

四、控水

为了生产高糖度的优质果实，要进行控水。主要是在果实成熟期对土壤进行干燥处理，将土壤干燥程度控制在 pF2.7～3.2（柑橘适宜的pF为2.0～2.7），叶片出现轻微萎蔫，连续10～14天（白天轻微萎蔫，第二天早上能恢复正常），可使糖度提高1°～1.5°Brix。当pF值超过3.2时，会使树造成永久性萎蔫，必须予以防范。控水的方法有下列几种。

1. 地膜覆盖 目的是遮断雨水，使园土适当干燥。日本用0.05毫米的多孔银白色膜，雨水下不去，气体能交换。在缓坡地、山地、排水良好的平地施行（表6-7）。覆盖前如园地过分干燥，应灌水20毫米，通常在充分降雨后经5～8天盖膜为宜。覆盖后如久不降雨，出现叶片萎蔫，可向树冠喷水或少量灌水，应注意大量灌水易引起裂果。若轻微萎蔫，可维持10天左右，pF在2.7～3.2。在长期干燥的情况下，糖度提高了，酸亦提高，为了减酸，应喷几次水。当早熟温州蜜柑糖度达到12°Brix以上，中熟温州蜜柑13°Brix以上，可开始采收，采后及时施一次速效肥，以恢复树势，也可叶面喷肥。

表6-7　柑橘覆盖地膜控水时期

	适湿时期（果实发育期）	盖地膜干燥时期（果实成熟期）
早熟温州蜜柑	6月至7月下旬	8月上旬至9月下旬（采前）
普通温州蜜柑	6月至8月下旬	9月上旬至10月中旬（采前）

2.高畦栽培　通过高畦，成熟期挖深沟，控制地下水位，可提高糖度1°～1.5°Brix。配合地膜覆盖效果更好。

3.限根栽培　通过不织布、集装箱、钵、箱等栽培柑橘，限制根系生长，便于控水和干燥处理，提高糖度。

4.保护地（大棚）栽培　开花期梅雨季节，通过塑料大棚避雨栽培，可提高着果率；采前1个月避雨栽培，可提高果实糖度。

第四节　水肥一体化管理

水肥一体化是利用管道灌溉系统，将肥料溶解在水中，同时进行灌溉与施肥，适时、适量地满足柑橘对水分和养分的需求，实现水肥同步管理和高效利用的节水农业技术。狭义来讲，就是将肥料溶入施肥容器中，并随同灌溉水顺管道经灌水器进入柑橘根区的过程叫做滴灌随水施肥，国外称之为灌溉施肥，即：根据柑橘生长各个阶段对养分的需要和土壤养分供给状况，准确将肥料补加且均匀施在柑橘根系附近，并被根系直接吸收利用的一种施肥方法。通常，与灌溉同时进行的施肥，是在压力作用下，将肥料溶液注入灌溉输水管道而实现的。溶有肥料的灌溉水，通过灌水器（喷头、微喷头和滴头等），将肥液喷洒到叶片上或滴入根区。广义讲，就是把肥料溶解后施用，包含淋施、浇施、喷施、管道施用等。扩展来讲，就是灌溉技术与施肥技术的融合，包括水肥耦合技术、水肥药一体化技术以及叶面肥施用技术等。与常规施肥方法比较，水肥一体化技术的优点主要包括：提高水分利用效率；提高肥料利用率；减少机械作业，提升劳动生产率；提升生态生产效益等。

一、水肥一体化的类型

水肥一体化的类型根据不同划分依据有不同的类型。

1.根据控制方式　分为传统水肥一体化和现代水肥一体化两种。

（1）传统水肥一体化技术。将可溶性肥料溶解到水里，使用棍棒或机械搅拌，通过田间灌水、田间管道，或滴灌、微灌等装置使肥液均匀地进入果园土壤中，被柑橘吸收利用。

（2）现代化水肥一体化技术。通过实时自动采集柑橘生长环境参数和生育信息参数，构建柑橘与环境信息的耦合模型，智能决策柑橘的水肥需求，通过配套施肥系统，实现水肥一体精准施入。

2. 根据灌溉方式　可以分为滴灌、喷灌和微喷灌水肥一体化技术。

（1）滴灌水肥一体化技术。是指按照柑橘需水要求，通过低压管道系统与安装在毛管上的灌水器，将水和养分一滴一滴、均匀而又缓慢地滴入柑橘根区土壤中的灌水方法。这种方法可以保证灌溉水以水滴的形式滴入土壤，在有效对水量进行控制的同时，大大延长了实际灌溉时间。另外，这种技术确保土壤内部的环境（水、气、温度、养分）是柑橘生长的适宜状态，使土壤的渗漏程度减小，不会造成对土壤结构的破坏。与此同时，该技术不受地形限制，可以在不同坡度的橘园使用，也不会形成径流。但该项技术对水质的要求相对较高，这就需要合理地选择水源，充分考虑肥料及过滤设备的应用。

（2）喷灌水肥一体化技术。喷灌是利用机械和动力设备把水加压，将有压水送到灌溉地段，通过喷头喷射到空中散成细小的水滴，均匀地洒落在地面的一种灌溉方式。喷灌水肥一体化技术是在柑橘对水肥需求规律基础上，通过施肥设备把肥料溶液加入到喷灌的水中。喷灌水肥一体化对土地的平整性要求不高，可以应用在山地果园等地形复杂的土地上。喷灌系统可以分为固定式喷灌系统、移动式喷灌系统和半固定式喷灌系统。

（3）微喷灌水肥一体化技术。微喷灌是通过低压管道将水送到柑橘园附近田间，再利用折射、旋转、辐射式微型喷头或微喷带将水均匀地喷洒到柑橘枝叶等区域的灌水形式。微喷灌水肥一体化技术，是指通过施肥设备把肥料溶液加入到微喷灌管道中，随着灌溉水分均匀喷洒到土壤表面的一种灌溉施肥方式。与滴灌施肥技术相比，微喷灌技术在过滤器方面的要求不高，但该技术容易受到植物茎秆与杂草的制约。

（4）膜下滴灌水肥一体化技术。该技术是覆膜技术、滴灌技术的结合，作用原理就是在滴灌带的表层进行膜的覆盖。该技术在大大降低水分蒸发量的同时，也相应地将地表温度提高，覆膜能够抑制杂草，促进幼苗的快速生长。

（5）集雨补灌水肥一体化技术。通过开挖集雨沟，建设集雨面和集雨窖池，配套安装小型提灌设备和田间输水管道，采用滴灌、微喷灌技术，结合水溶肥料应用，实现高效补灌和水肥一体化，充分利用自然降雨，解决降雨时间与柑橘需用水时间不同步、季节性干旱严重发生的问题。适用于降雨量较多，但时空分布不均、季节性干旱严重的地区。

二、水肥一体化应遵循的原则

（1）水肥协同原则。综合考虑柑橘园水分和养分管理，使两者相互配合、相互协调、相互促进。

（2）按需灌溉原则。水分管理就根据柑橘的需水规律，考虑施肥与水分的关系，运用工程设施、农艺、农机、生物、管理等措施，合理调控自然降水、灌溉水和土壤水等水资源，满足柑橘水分需求。

（3）按需供肥原则。养分管理就根据柑橘需肥规律，考虑橘园用水方式对施肥的影响，科学制订施肥方案，满足柑橘养分需求。

（4）少量多次原则。按照肥随水走、少量多次、分阶段拟合的原则制定灌溉施肥制度；

根据灌溉制度，将肥料按灌水时间和次数进行分配，充分利用灌溉系统进行施肥，适当增加追肥数量和追肥次数，实现少量多次，提高养分利用率。

（5）水肥平衡原则。根据柑橘需肥需水规律、土壤保水能力、土壤供肥保肥特性以及肥料效应，在合理灌溉的基础上，合理确定氮、磷、钾和中、微量元素的适宜用量和比例。

三、水肥一体化中的肥料选择

在选择肥料之前，首先应对灌溉水中的化学成分和水的pH有所了解。某些酸性肥料可能降低水的pH，而碱性肥料则会使水的pH提高。当水源中同时含有碳酸根和钙镁离子时可能使滴灌水的pH提高进而引起碳酸钙、碳酸镁的沉淀，从而使滴头堵塞。因此，在水肥一体化中，化肥应符合下列基本要求。

（1）养分含量较高，溶解度高，能迅速地溶于灌溉水中。

（2）杂质含量低，其所含调理剂物质含量最小，能与其他肥料匹配混合施用，不产生沉淀。

（3）流动性好，没有钙、镁、碳酸氢盐或其他可能形成不可溶盐的离子，不会阻塞过滤系统和灌水器。

（4）与灌溉水的相互作用很小，不会引起灌溉水pH的剧烈变化。

（5）金属微量元素应当是螯合物形式，对控制中心和滴灌系统的腐蚀性很小。

（6）溶液的酸碱度为中性至微酸性，当灌溉水的pH为7.5时，不宜施碱性肥料如氨水等，适当加硝酸、磷酸、磷酸脲能降低灌溉水的pH。

（7）灌溉水中的肥料总浓度控制在5%以下为宜。

水肥一体化中常用的肥料如表6-8所示。

表6-8　水肥一体化中的常用肥料

氮肥	磷肥	钾肥
尿素	磷酸	硝酸钾
尿素硝酸铵溶液	磷酸二氢钾	硫酸钾
硫酸铵	磷酸氢二钾	柠檬酸钾
硝酸铵磷	磷酸二氢铵	氢氧化钾
磷酸一铵/磷酸二铵	磷酸氢二铵	腐殖酸钾

（温明霞　石学根）

第七章
整 形 修 剪

　　柑橘优质丰产园的树形为树体健壮，枝梢充实，叶绿而厚；树冠凸凹，上小下大；干矮，主枝开心，侧枝多而疏密有度，且分布均匀；树冠内部枝叶较密而均匀，外部略疏，叶片数量多，有效结果枝多，呈立体结果的姿势。整形修剪是实现上述优质丰产园树形的重要技术措施。其中整形是指通过修剪及相应的栽培技术措施，形成合理的树体形状和树冠结构；修剪则是指所有直接控制果树生长和结果的机械手法和类似措施。正确的修剪，必须针对不同的品种、不同的树龄和不同的花果量，确定修剪的时间、强度和被剪除的枝梢对象。

第一节　适宜树形

一、自然开心形

　　干高20～40厘米，主枝3～4个，方位角120°，分生角30°～45°，向外斜生。各主枝上配置副主枝2～3个，分生在主枝两侧，分生角60°～70°。每个副主枝上配侧枝2～3个，间距25～30厘米。一般在第三主枝形成后，将类中央干剪除（图7-1）。在主枝、副主枝、侧枝上按20～30厘米均匀配置结果枝组。这种树形修剪量少，成形快，结果早，易丰产，特别适合温州蜜柑等喜光的品种。

二、自然圆头形

　　主干高25～35厘米，主枝3～5个，分2～3年培养形成。幼树期先培育一层主枝3个，方位角120°，分生角40°～50°，以后在中心干上再培育一层2～3个主枝，上

图7-1　自然开心形

层主枝与下层主枝错开，不重叠。各主枝上配置副主枝2～3个，分生在主枝两侧，分生角60°～70°，每个副主枝上配置2～3个侧枝和多个结果枝组（图7-2）。每个侧枝按25～35厘米蓄留结果枝组。这种树形适应柑橘自然结果习性，容易成形，培育要求不高，修剪量少，投产快，结果早，适用于本地早、蜜橘多数柑橘品种。但是，随着树龄的增大，容易出现树冠郁闭，所以要视树冠郁闭情况，采用大枝修剪法，剪或锯去中心直立大枝，使树冠开心。

图7-2 自然圆头形

第二节 整形方法

自然开心形主枝开心排列，树冠各部均有侧枝分布，内膛饱满，整个树冠凸凹面大，侧枝多，绿叶层厚，是优质丰产园的理想树形。以温州蜜柑为例，其整形方法如图7-3所示。

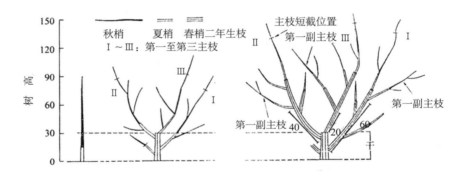

图7-3 温州蜜柑自然开心形整形方法（单位：厘米）

一、主干

苗木定植后，离地面40～50厘米短截，抹除25厘米以下的分枝和萌芽，保持主干高25～35厘米。

二、主枝

在整形带内，主干离地约25厘米以上部位，选留生长强壮，分布均匀，相互有8～15厘米间隔的新梢3～4个，短截先端1/3，并拉枝调整作为主枝培养，主枝分枝角度35°～45°。第二年春季在主枝先端选育健壮延长枝，短截或疏去周围竞争枝，促使延长枝向前方斜向伸长。如果第一年主干抽发的强壮新梢不足，只能培养1～2个主枝，可以将剪口枝扶直、短截；在第二年继续选留第二、第三主枝，待3个主枝配齐后，剪去树冠中心主干，或将其拉向一边，作为结果枝组，即成三主枝开心形基础。

三、副主枝、枝组

在各主枝上配置副主枝2～3个，第一副主枝距干高20～60厘米，副主枝上下间隔50厘米，方向相互错开。再在主枝和副主枝上配置侧枝和枝组，自然开心形应多培养大小枝组。这些枝组既可制造养分，生长结果，又可起到遮阴防晒、防止枝干和果实遭受日灼的作用。但要注意，在主枝上抽生直立旺长的强枝或徒长枝，容易趋光向中心直立生长，形成新的中心主干，破坏树形，应及时剪除或用拉枝、扭枝等技术将其拉、扭成斜生或水平枝，培养成结果枝组。枝组逐年结果衰老的，应及时回缩修剪复壮，保持健壮生长结果。

第三节 修剪方法

一、修剪时期

修剪可分为休眠期修剪和生长期修剪。柑橘为常绿果树，无明显休眠期，在生产上把采果后至翌年春季萌芽前作为相对休眠期，其他为生长期。相对休眠期地上部分生长基本停止，生理活动减弱，此时修剪养分损失较少，能协调生长与结构的平衡，使抽生的春梢生长健壮，花器发育充实。但是黄岩冬季有柑橘冻害风险，因此修剪重点是霜冻期过后的2～3月春季修剪，夏季抹芽控梢和秋季剪除晚秋梢都是次要修剪。

（一）春季修剪

主要修剪方法包括：短截内膛直立旺枝促分枝，充实内膛；短截夏秋梢结果母枝先端部分，减少花量，提高坐果率；短截二、三次梢，降低分枝部位；疏剪密生枝、细弱枝、枯枝、病虫枝等，增强通风透光；疏剪徒长枝，平衡树势，维持树体结构；疏剪大枝，调整树冠结构，改善通风透光条件；需要更新复壮的老树、弱树，也要在春梢萌动时回缩修剪，重剪后新梢抽发多而壮，树冠恢复快。

在春梢抽生现蕾时，进行春季复剪。目的是调节春梢和花蕾及幼果的数量比例。疏除树冠顶部所有春梢及中外围的过多春梢，是防止春梢抽生过旺，减少落花落果的有效措施，在生长较强的温州蜜柑上使用效果很好。对花量较多的树再次疏剪成花母枝，可减少过多的花朵和幼果数量。

（二）夏、秋季修剪

春梢抽生后至采果前的整个生长期内，柑橘植株生长旺盛，生长量多，生理活动活跃，修剪后反应快，一般修剪宜轻；主要的修剪工作是抹梢、疏梢、摘心、疏果、环割、弯枝、拉枝、断根等。夏季修剪指5～6月第二次生理落果前后的修剪，包括：幼树抹芽放梢培育骨干枝；结果树抹除夏梢减少生理落果；对过长的春夏梢留25～30厘米摘心，培育健壮枝；对直立大枝或徒长枝采用拉枝、扭梢等处理促花。秋季修剪指7月定果后的修剪，包括：抹芽放秋梢，培育多而健壮的秋梢母枝；疏除密弱和位置不当的秋梢，以免母枝过多或纤弱；到晚秋时，剪除树顶上的十月梢等。隔年结果模式栽培的温州蜜柑等品种，在不结果年的7月份要进行重修剪，促发8月梢。培育优良的结果母枝。

二、修剪的步骤

1.修剪前，先观察了解全园全树的生长情况和产量，并考虑品种和树龄大小，然后决定修剪的方式和修剪量。

2.先锯除过多或重叠的主枝、副主枝、大枝，再处理枝组及枝梢。

3.以主枝为单位，修剪从上到下，从内到外进行。

4.及时保护较大的剪口和锯口。

5.剪后检查，如有遗漏，及时补剪。

三、传统修剪法

（一）疏删

是一种去弱留强的修剪方法，是将密弱枝、丛生枝、病虫枝、徒长枝或多余的枝梢自基部整个剪去（图7-4）。疏剪后减少了树冠内的枝条数量，改善了树冠的光照条件，同时又使剩留的枝梢获得更多养分供应的机会，因而可提高产量。如果树势过强，也可疏剪强枝，以抑制或削弱枝梢的生长势。

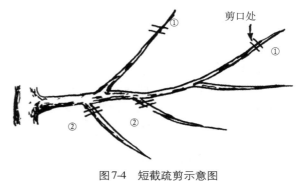

图7-4 短截疏剪示意图
①短截修剪 ②疏枝修剪

（二）短截

将一年生枝条剪去一部分，保留基部一段，称短截（图7-4）。一般剪在壮芽处，促使壮芽抽壮梢；通过对剪口芽方向的选定，可以调节未来大枝或侧枝的抽生方向和强弱。短截可以加强营养生长。

（三）回缩

剪除多年生枝梢先端衰弱部分，是一种重度短截。多用于侧枝的更新和大枝顶端衰退枝的更新修剪。回缩越重，剪口枝的萌发力越强，大枝更新效果越明显。回缩时，应选留强壮的剪枝，并疏剪或短截剪口枝上的弱枝和其他枝梢，以减少花量，确保枝梢复壮。

（四）抹芽

在夏、秋梢抽生枝1～2厘米时，将嫩芽抹除，称抹芽。抹芽的作用与疏剪相似。由于夏、秋梢零星陆续发生，对初发生的夏、秋梢经多次抹除后，按要求的时间，不再抹除，统一放梢，使抽梢整齐，便于病虫害防治。

（五）摘心

在新梢伸长期，根据需要保留一定的长度，摘除先端部分，叫摘心。其作用相似于短截。摘心能限制新梢伸长生长，促进增粗增长，使枝梢组织充实。

（六）拉枝

用绳索牵引拉枝，竹棍撑枝，石块等重物吊枝等方法（图7-5），将大枝改变生长方向，以符合整形要求。该方法适用于幼树整形和徒长枝的利用。

四、省力化的大枝修剪

随着经济的迅速发展，劳动力成本逐年增加，为提高生产效率，简化修剪程序势在必行。当前，推广较多的是源于日本的大枝修剪。主要是以锯除树冠内部直立性的主枝、副主枝级大枝，开出"天窗"为主，辅以对留下的其他枝条作少量修剪，把树冠培养成自然开心形的技术。修剪对

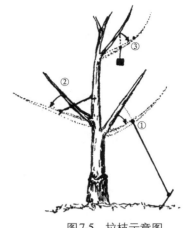

图7-5　拉枝示意图
①拉枝　②撑枝　③吊枝

象主要适用于7～8年以上的成年园，树冠郁闭的橘园效果更佳。大枝修剪的时间一般在2月初至3月中旬之间。大枝修剪简便易行，操作容易，比传统的精细修剪法提高功效6～10倍。

（一）树形清晰

操作者要树立大枝修剪后成自然开心形的概念，按自然开心形的要求去除大枝（图7-6）。

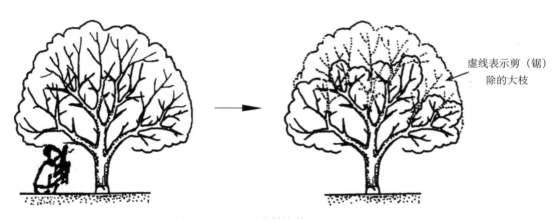

虚线表示剪（锯）除的大枝

图7-6　大枝修剪

（二）锯大枝

操作者钻入树冠下部，仰头扫视树冠周围，确定方位合适的3～4个大枝作为主枝保留，与主枝竞争的其余直立性或过密交叉重叠的大枝用锯截除，每主枝上配置2～3个分枝角度大于45的粗枝作为副主枝，把主枝上直立性强、与主枝竞争的过密粗枝锯除，再剪去病虫枝、交叉枝、衰弱枝，相邻树间的交叉枝回缩。根据树体大小分年实施，修剪量掌握每株树每年截除主枝级大枝不超过1～2个，副主枝级大枝不超过2～4个。大年树和弱势

树剪除的枝叶量约为全树的 1/4 ～ 1/3，小年树和强势树约为 1/6 ～ 1/5。

（三）保护伤口

锯口面要下倾，用利刀削平，涂上伤口保护剂，防止积水霉烂，促进愈合。

五、各种类型树的修剪

（一）幼年树

以轻剪为主。选定类中央干延长枝和各主枝、副主枝延长枝后，对其进行中度至重度短截，并以短截程度和剪口芽方向调节各主枝间的生长势平衡，运用拉枝方法将直立性枝条拉成45°角左右，以缓和树势，加快树冠形成。轻剪其余枝梢，避免过多的疏剪和重短截。除适当疏删过密枝梢外，内膛枝和树冠中下部较弱的枝梢一般均应保留。剪去所有晚秋梢。

（二）初结果树

继续选择和短截处理各级骨干枝延长枝，抹除夏梢，促发健壮秋梢。对过长的营养枝留 8 ～ 10 片叶及时摘心，回缩或短截结果后的枝组。剪去所有晚秋梢。秋季对旺长的树采用环割、断根、控水等促花措施。

（三）盛果期树

及时回缩结果枝组、落花落果枝组和衰退枝组。剪除枯枝、病虫枝。对骨干枝过多和树冠郁闭严重的树，可用大枝修剪法修剪，锯去中间直立性骨干大枝，开出"天窗"，将光线引入内膛。对当年抽生的夏、秋梢营养枝，通过短截或疏删其中部分枝梢调节翌年产量，防止大小年结果。对无叶枝组，在重疏删基础上，对大部分或全部枝梢做短截处理。一般树高控制在2.5米以下。

（四）大年、小年树的修剪

1. **大年树**　大年树为当年结果多的树，要注意为下一年结果留好预备枝。一般有3种留法：①上年采果后留下的枝条不加修剪，当年其上抽发的春梢营养枝，一般能成为下一年的结果母枝；②对全树夏秋梢的1/3 ～ 1/2数目枝条进行强短截，剪口在夏梢基部至中部，使其抽生第二年的结果母枝；③将部分二年生枝上丛生的多数春梢删除，促使其抽发强壮的营养枝成为第二年的结果母枝。

2. **小年树**　大年采果后树势衰弱，优良的结果母枝少，所以小年树修剪宜轻、宜迟，到3月底4月初肉眼能辨别花蕾时进行，应尽力保留花枝，使当年多结果。对上年结果后留下的大量果梗枝应按下列方法进行整理：①对只着生果梗枝的二年生枝，应将其上的果梗枝从基部剪除；②果梗枝下方有短营养枝的，剪去其上方的果梗枝，使留下的短营养枝当年有希望结果；③果梗枝下方有强壮营养枝的，除留强壮营养枝当年结果外，将果梗枝短截1/3 ～ 1/2，使其当年抽生营养枝，成为第二年的结果母枝。

（五）衰老树的更新修剪

衰老树指结果多年、树龄大、树势衰退的老龄树。这种树的更新修剪应减少花量，甚至舍弃全部产量以恢复树势。首选采用大枝修剪法锯除直立和重叠交叉大枝，然后进行更新修剪，促发的夏秋梢进行截强、留中、去弱的处理。更新后能迅速恢复树冠生长和结果能力才有经济价值。更新修剪要根据其衰老程度，采用不同的更新修剪方法。

1. 局部更新　分年对主枝、副主枝和侧枝轮流重剪回缩或疏删，保留树体主枝和长势较强的枝组，尽量多保留大枝上有健康叶片的小枝，每年春季更新修剪一次，分2～3年完成。

2. 中度更新　当树势衰退比较严重时，将全部侧枝和大枝组重截回缩，疏删多余的主枝、副主枝、重叠枝、交叉枝，保留主枝上健康小枝。这种更新要注意加强管理，保护枝、干，防止日灼，2～3年可恢复结果。

3. 重度更新　在树势严重衰退时，将距离主干100厘米以上的4～5级副主枝、侧枝全部锯除，仅保留主枝下端部分。这种更新方法用于密植郁闭园的改造、冻害树的恢复修剪效果显著。

六、主要品种的修剪

柑橘类各品种有共同的特性，故修剪的原理可以普遍应用。但各品种、品系之间也有特异之处。因此，修剪时必须根据品种特性作适宜的变更。以黄岩主要品种为例，修剪变更要点如下。

（一）宽皮柑橘类

1. 本地早　树冠高大，发枝力强，易抽六月梢和十月梢，外部枝梢密生，内膛易空虚，开花虽多，但着果率低。本地早的修剪应以疏删为主，多疏删外围枝条，衰弱春梢和丛枝状可多疏剪。夏季摘除六月梢和幼果期弯枝等措施，有较好的保果作用，晚秋梢应全部剪除。对骨干枝过多和树冠郁闭严重的树，锯去中间直立性大枝，开出"天窗"，将光线引入内膛。

2. 温州蜜柑　温州蜜柑有早熟、中熟、晚熟等多种品系。它的特点是：早熟品系一般树冠矮小，树势较弱；大枝弯曲而开展，枝梢生长量少；枝上节间短缩，每节有2～3个芽，萌枝率高，呈丛生状，叶小质厚，结果性强。中晚熟品系树势健壮，树体也较高大，枝梢生长量大，节间长，叶片大，每节1～2个芽，芽少而小，一年内易抽二、三次梢，枝梢疏朗，长梢多而软，先端结果性能也较好。

温州蜜柑的修剪量宜轻不宜重。二次梢结果能力强，要多保留；短截三次梢先端不充实部分，删剪丛枝、弱枝及上年落花落果后的衰退枝；下垂枝待结果后，可回缩至强壮处。当年夏梢过长应予摘心。由于花多果多，还应注意疏花疏果。对于刚进入结果期的青壮年树，尤其要注意控制春梢的数量和长度，使新老叶比在（0.7～1）∶1的范围内。近年来，为了生产优质果实，早熟温州蜜柑普遍采用完熟栽培和延后栽培，导致隔年结果，为了生产优质的中小形果实，对大年结果树实行轻剪，在不结果的翌年7月进行重修剪促发8月梢，采用隔年交替结果的修剪方法，既省工本，效益又较高。

（二）杂柑类

1. **红美人**　生长势中等，采用开心形或圆头形整形，幼苗期及高接树初期易发生徒长枝，枝条较披垂。红美人坐果率较高，在管理上要及时修剪调节结果量，以保持健壮树势。幼树期主要以扩大树冠，培养骨干枝，增加树冠枝梢叶片为主。定植后一年促使春、夏、秋梢多次抽发，加快树冠形成；初投产树要及时进行修剪，培养有效结果枝组，适当短截主枝、副主枝的延长枝，保持其一定的生长量及树势；成年结果树应以春季修剪为主，结合全年进行，春季对于主枝过多、过密的树，应及时进行开天窗修剪，以改善光照条件。对于高接树在树盘下部要留辅养枝，在高接当年及第二年应尽快培养树冠，选择生长均匀、分布位置好的骨干枝作为主枝培养。设施栽培留果到第二年2月的橘树可实行隔年结果。

2. **春香**　春香橘柚发枝力和成枝力强，枝梢密生，细而短，修剪应以疏剪为主，疏除纤弱枝、病虫枝、干枯枝和已结果枝，以提高枝条质量和增加通风透光度；若不疏梢，春梢多较为细弱，树冠形成慢，所以在4月上旬萌芽后尽早抹除细弱春梢，每梢保留2～3个健壮春梢，促进树冠形成。由于春、秋梢均可作为结果母枝，故应注意控制夏梢以促发优质春、秋梢，以利早结果，但以春梢结果为主。冬、春季剪去部分结果母枝，对原结果枝采取短截、回缩，以促发营养枝，花前疏除过密结果枝，调整结果枝和营养枝比例，适当减少花量。

（王　鹏　石学根）

第八章

花 果 管 理

第一节 保花保果

一、促进花芽分化

形成花芽的基本条件是树体内积累足够的有机营养物质，树液浓度高，合成大量的促进开花的激素，适宜的外界低温、干旱和光照条件。因此可根据树势采取相应的措施促进柑橘多开质量高的花。

对生长衰弱树，要及时施足肥料，以供应氮、磷、钾、钙、镁等元素；修剪适当提早，要重剪，短截为主，促生良好的春、秋梢。冬季喷营养液2～3次，促进树体健壮，使花、果逐年增多。

对生长过旺的少花树，要控制氮肥，增加磷、钾肥；修剪可稍迟，以疏删为主，多删大枝、大梢，夏季抹芽摘心，以抑制其营养生长，促使春、秋梢短壮；冬季喷0.2%磷酸二氢钾溶液3次左右；对部分强枝可于9月间用快刀环割1～2圈，切断韧皮部，或用铁丝环扎，到翌年春季解除，以促使花芽形成。此外，冬季花芽分化期控制水分，使土壤干燥，或适量断根，以提高树液浓度，有利于花芽分化。

对大小年结果明显的树，可按照一定的叶果比，在大年进行合理疏花疏果，促进小年多开花多结果。

此外，可喷布植物生长抑制剂，促进着花。据报道，9月中旬喷布比久（B9，92%丁酰肼可溶性粉剂）2 000～4 000毫克/千克，或喷矮壮素（CCC）1 000～2 000毫克/千克，可提高温州蜜柑着花；6月上旬对温州蜜柑、10月中旬对椪柑喷布500～1 000毫克/千克的多效唑能显著促进翌年成花。

二、保花保果

（一）控梢保果

1. 人工抹梢 修剪控花的原理是基于减少结果母枝的数量，减少结果枝，增加营养枝，使结果枝与营养枝之比变小。而在柑橘幼果发育期，氮肥施用量大而且雨水多的年份，春、夏梢往往会过于旺长，控制枝梢生长，对防止或减少梢果矛盾效果明显。在小年，春梢抽生较多，会加重落花落果，旺梢时可疏去1/3～3/5的春梢营养枝，或在春梢展叶，长度2～4厘米时，留4～6片叶摘心。

全部抹除在第二次生理落果结束前抽发的夏梢，或仅留基部两片新叶进行摘心，控制夏梢对于防止本地早、脐橙等品种的落果十分重要。在生理落果期6～7月，多次抹除夏梢新芽或留2片叶摘梢，到生理落果停止后统一放梢。放梢时间因品种而异，一般温州蜜柑、椪柑等在7月上旬，本地早在7月下旬，甜橙类在7月底至8月初。如果放梢时间过早，不利于稳果，而且会抽晚秋梢，放梢过迟则养分损失过多，枝梢不充实，影响翌年高产。

2. 化学控梢　用人工抹芽控梢，耗工量大，也难以及时进行。目前已对多种抑制剂进行了比较试验，证明有一定的效果。如青鲜素抑梢效果良好，但也会抑制果实发育，出现大量小型果，甚至变成僵果。用500～750毫克/千克调节膦在温州蜜柑夏梢萌发前后3～4天喷布。能抑制夏梢萌发和枝条伸长，使节间缩短，但不能连用2年以上：否则会抑制过度。在夏梢发生初期，喷布2 000～4 000毫克/千克矮壮素能使夏梢提早一周结束生长，减少夏梢的抽生，并抑制其伸长生长。目前比较常见的是在夏梢萌发前后3天左右，用500～1 000毫克/千克多效唑（PP333）对本地早、椪柑、甜橙等品种喷布，可抑制夏梢的抽生和生长，使节间缩短，并有促进成花的作用。但是上述药剂处理还不能完全取代人工抹芽控梢。

（二）根外追肥

对生长衰弱、营养不足或开花多的树，可通过叶面喷布营养液的办法，迅速供给叶、花、果生长发育所需的养分，达到保果目的。

自花蕾期或谢花期起，每隔10～15天，用0.3%～0.5%尿素、0.2%磷酸二氢钾水溶液喷1次，连喷2～3次，或两种溶液混合喷洒；也可用2%草木灰和1%过磷酸钙浸出液等叶面肥连喷2～3次。山地红黄壤橘园易缺硼，可在上述混合液中添加0.1%硼酸或硼砂，或花期单独喷0.1%～0.2%硼酸或硼砂1～2次。滨海盐碱地橘园易缺锌和锰，可在尿素和磷酸二氢钾溶液中加0.2%硫酸锌和硫酸锰，或单独喷0.2%硫酸锌或0.2%硫酸锰溶液。

（三）生长调节剂

用于保花保果的植物生长调节剂有赤霉素（GA）、细胞分裂素、2，4-D、防落素等。

赤霉素是目前使用较多且效果较好的生长调节剂。特别对无核、少核品种如本地早、温州蜜柑、脐橙、普通甜橙等，保果效果明显。一般在谢花2/3或第一次生理落果末期，用赤霉素50毫克/千克浓度的溶液整株喷布，隔半个月左右再喷1次；或用100～200毫克/千克浓度的溶液涂幼果，能显著提高坐果率。但在进入果实膨大期后使用或使用次数太多，则会使果实成熟推迟、果皮增厚，风味下降；还会促进新梢节间的伸长生长，抑制花芽分化。

细胞分裂素（BA）加赤霉素涂果。细胞激动素防止第一次生理落果的效果显著，但不能防止第二次生理落果，而赤霉素却能显著地抑制第二次生理落果。所以在谢花后7天左右，用细胞激动素200～400毫克/千克加赤霉素50～250毫克/千克的混合液涂幼果1次，能有效地减轻生理落果，特别是对无核品种，增产幅度更大。

（四）环剥、环割

环剥是用刀或特制的剥皮器在枝干周围以一定的间隔环切两圈，切断皮部，剥去其间树皮的作业。环割是在干或枝的周围割一圈或数圈，而不剥树皮的作业。其作用在于暂时截流营养物质于地上部，利于花芽分化或提高坐果率。

环剥适合于花量多而又不结果或少结果的健旺橘树，对象一般是结果性能较差或结果不稳定的品种，如本地早、温州蜜柑的中晚熟品种、脐橙等。幼树不宜环剥。

环剥时间在花谢2/3时，少花树略早，多花树稍迟。环剥选择全树1/3～1/2的副主枝或侧枝，用嫁接刀在离枝梢基部5～10厘米处割2条环形的圈，环剥宽度取决于枝条粗度，本地早蜜橘的环剥宽度和枝干直径比例是1：（13～14），脐橙类是1：（10～11）。刀口深度以切断皮层，不要伤及木质部，剥去皮层。如环剥不当，伤口过深或过宽的，用薄膜包扎，保持湿度，加速伤口愈合。对环剥树加强肥水管理，因结果量增多，酌量增施肥料和根外追肥次数。

环割多在幼树上进行，在花谢2/3时割一次，过10天后再割一次。操作简单，效果也好。

（五）拉枝、撑枝、扭梢保果

拉枝、撑枝、扭梢的作用都在于开张角度、削弱顶端优势、缓和树势，以利于花芽分化和结果。拉枝是用绳或铅丝把直立枝拉开；撑枝是用棍棒把骨干枝撑开，其开张角度要大于45°，在冬季花芽分化期进行，经过一个生长季节待基角固定时，或在生理落果结束后，去掉棍棒或拉绳。扭梢是在花芽分化前，把生长旺盛的直立长梢，自基部3～5厘米处轻轻扭转成半圆状，使之下垂生长。

第二节　控花疏果

柑橘树花多，如一株叶数为3万张左右的温州蜜柑成年树，常年着生花1.5万～2.5万朵，在花多的年份往往有4万～5万朵花。由于花多、幼果多，花果本身，及其与树体营养体之间的养分和水分竞争很激烈，故落花落果多，树体贮藏养分损失很大。多花树的落果常达90%以上，即使如此，留下的果数还是必要保留优质果数的2～3倍，如果将它们尽数保留，则果实变小、品质下降、新梢和新叶的发生减少、同化养分也相应减少，并会加重大小年结果，导致树体早衰。

适量着果，通过疏除那些过大、过小、病虫果、畸形果，保留合适大小的果实，增加叶果比，使果实膨大发育至最佳大小，每年连续生产优质橘果。同时，疏果使叶片无机盐成分的含量和碳水化合物、根系中的淀粉含量增高，使来年着花增多，花期提早，还可使叶片的渗透压提高而增强抗寒能力，减少越冬落叶。

疏果技术是一项简单易行的实用栽培措施，疏蕾、疏花、疏果的时期越早效果越好，有利于维持树势、克服大小年，达到丰产、稳产、优质的栽培目的，具有良好的经济效益。

一、控花

柑橘花量过大，会消耗树体大量养分，且结果过多又会使果实偏小，降低果品级别，并使翌年花量不足而形成小年。尤其红美人、柚类生产中以大果型而售价高的品种，需要采取控花措施，使柑橘花量适度，以提高花果的质量。目前，在生产上主要是采用适当的修剪来控制花量，也有采用喷布赤霉素等控花。

（一）人工控花

可通过人工修剪，减少结果母枝的数量，减少结果枝，增加营养枝，使结果枝与营养枝之比变小。春季修剪，连枝带花疏去部分过密枝梢，使之通风透光，提高坐果率。对有叶结果枝过多的结果母枝，疏去（短截）部分有叶结果枝。6片叶以上的强壮春梢，常因其生长势强，不易形成结果母枝，可保留作预备枝。

在盛花期、谢花末期分别进行两次摇花，摇去畸形花、授粉受精不良的幼果及花瓣，减少养分消耗。柑橘大年花量多，特别是无叶花多，因此来年作为结果母枝的枝梢发生少。在大果型的青岛温州蜜柑栽培上，需要对生长过旺的5片叶以上的新梢顶端的有叶花进行疏蕾。

通常在冬季修剪时要考虑是否需要控花的问题，对翌年可能花量过大的植株，修剪时应以短截、回缩为主，使之翌年抽发营养枝。花量较多时，花期补剪，适量剪去花枝。强枝适当多留花，弱枝少留或不留；有叶花多留，无叶花少留或不留；抹除畸形花、病虫花等。

（二）药剂控花

药剂控花也有很好的效果，在柑橘花芽生理分化期，喷布赤霉素20～100毫克/千克溶液1～3次，每隔20～30天喷布1次，能抑制花芽的生理分化，明显减少花量，增加有叶花枝，减少无叶花枝，且效果稳定，是一些柑橘产区抑制大年花量的措施之一。但应用此法的技术难度较大，常难于恰如其分地控制合适的花量。至于对小年树、弱树，为加强其营养生长，不让其开花是较易办到的。

赤霉素能有效地抑制宽皮柑橘和甜橙的花芽分化，可用于调控温州蜜柑大小年。据报道，以5～7年生枳砧宫川温州蜜柑为试材，大年树于1月中旬树冠喷布赤霉素100毫克/千克、200毫克/千克溶液，并设对照喷清水。结果表明，1月中旬喷赤霉素的2个处理，均能有效地抑制开花数，分别减少花量41.3%和48.1%，可明显提高花的质量，同时有叶花与无叶花的比值明显较对照高。

在其他宽皮柑橘上使用赤霉素控制花量也有报道。如在12月对克力迈丁红橘喷布赤霉素100毫克/千克溶液，花量可减少至对照的25%。日本研究人员12月对伊予柑喷布赤霉素50～100毫克/千克溶液，可减少花数30%～50%，但翌年春梢多，长势旺盛。

二、疏果

由于疏果的效果随疏果时期、疏果方法的不同而异，又不同品种的果实品质优劣因果实大小而有差异，所以要求灵活应用疏果技术，实现优质稳产。

（一）疏果时期与效果

1. **开花期疏花蕾** 虽然疏花蕾花费人工多，但是不同枝条全疏花蕾，可高效确保预备枝，如对青岛温州蜜柑等品种进行有叶花疏蕾是很有效的。

2. **早期疏果**（7月至8月上中旬） 有利于果实肥大、发芽发根；可有效防止隔年结果。

3. **后期疏果**（早熟品种于8月中、下旬，中晚熟品种9月） 有利于提高果实品质，促进翌年着花。

此外，任何品种，后期（9月）疏果都可以有效提高糖度，而且树上选果的效果很好，所以要充分进行疏果。疏果时期和疏果量随不同品种、着果量、树势而定。

（二）疏果方法与适用品种

1. **全面均匀疏果** 光合产物向果实积蓄的比率大，夏季疏果可促进果实膨大，秋季疏果有利于提高糖度。如椪柑、杂柑（红美人、甘平等）、橙类、柚类等，以较大的果实品质与价格较好，因此早期疏果（6～7月）要采用均匀疏果的方法。

2. **局部全疏果** 可以抑制果实膨大，维持树势，减轻隔年结果。如早熟温州蜜柑、本地早等宽皮橘，因果实变大而品质下降，所以要采用局部全疏果的方法。

温州蜜柑、本地早等品种，也可适用交替轮换结果，结果大年生产出中小型果实，可高价销售，因此即使两年结果一次，经济效益仍可与连年均匀结果不相上下。

（三）疏果步骤

1. **前期粗放疏果**

（1）时期。早期疏蕾、疏花的效果要比疏果好，但是由于早期花多，很费工，而且以后着生的新梢上也往往会着生花，如不再次进行疏果，很难达到预期的目的，所以倒不如粗疏果较为实用，粗放疏果一般在落果率接近90%左右时进行。早熟温州蜜柑大致在盛花后30天，即6月中至下旬；红美人在6月下旬；中、晚熟温州蜜柑约比早熟温州蜜柑迟10～15天。此外，还因各地气温而异，较暖的地区要相应提早进行。

（2）疏果方法。根据不同品种对果实品质的要求，选用不同的方法。

① 全面均匀疏果。所谓全面均匀疏果，就是将应留的果实均匀地分布在整个树冠中，疏去多余的果实。这种方法较费力，留下的果实果形较大。

② 局部全疏果。分为部分枝条全疏果和局部树冠全疏果。所谓部分枝条全疏果，就是在一株树上选择一部分幼果多、结果性能好的枝条，让其大量结果，将其他枝条的果实全部摘除，作为预备枝（图8-1）。局部树冠全疏果，是将大年树的树冠顶部（占整个树冠

1/3左右）的果实全部疏除（图8-2），疏除的果实多为日灼果等劣质果，还有利于维持树势，确保连年结果。这种方法操作方便，花工少，果实大小中等，糖度较高，品质要比全面均匀疏果的好，但在抽梢期要注意蚜虫和潜叶蛾的防治。

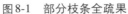

图8-1　部分枝条全疏果

图8-2　树冠上部1/3全疏果

（3）疏果量。以整株树而言，最终的留果量（叶果比）应该是基本相同的。这时由于果实还小，重点是疏除着果过多的树冠上部、树冠外围的果实，一般按叶果比15∶1或最终留果量的150%进行疏果。着果多的树要疏去全树的近一半果实。

2.精细疏果

（1）时期。一般早熟温州蜜柑等早熟品种在7月下旬，普通温州蜜柑、红美人、晚熟品种在8月，即在果径4厘米左右，着果量、结果部位、果实大小和形状等能看出明显差异时进行。这次疏果对采收时的果实外观和品质有很大影响。

（2）疏除对象。首先要疏去伤残果、畸形果、日灼果、病虫害果，然后疏去劣质果，果梗较细、朝下（下垂）的果实一般糖高酸低品质优良，而且充分膨大后果实大小中等。果梗粗度在7月下旬以后几乎不再增加，所以可用果梗粗度、果实朝向、果实大小3个因子作为果实优劣的判断标准，即疏去果梗粗的、果实朝上的、果型过大或过小的果实。

（3）部位。在水平枝或下垂枝上，可按叶果比（25～30）∶1进行疏果。在斜生枝或直立枝上，果梗细的、朝下的果实品质较好，应予以保留，但是斜生枝和直立枝上以果梗粗的、朝上的果实居多，如果疏果过早、过多，留下的果实往往变成粗皮大果。　所以要根据着果量和果实发育情况，先进行轻疏果，进入8月下旬至9月后，斜生枝和直立枝上下垂的果实增多，这时可根据果梗粗度和果实大小再进行疏果。对其他部位也应视果实发育情况再次疏果。

精细疏果最好分2次完成。

3.树上选果　主要是除去过大、过小的果实，在果实膨大基本停止后进行。一般早熟温州蜜柑在9月20日以后，中、晚熟温州蜜柑在10月以后进行，根据S级（果实下限横径55毫米）和2L级（上限横径80毫米）标准，用木板或塑料板开2个圆孔制成疏果尺，将能通过S级圆孔的小型果和通不过2L级圆孔的大型果摘除，保留S级至2L级范围的果实。

当然，不同品种的果实大小等级标准是不同的，疏果时应注意区别对待。

经过上述粗放疏果、精细疏果、树上选果等3次疏果后，要求最终叶果比大致调整为：早熟温州蜜柑（30～35）∶1，中、晚熟温州蜜柑（20～25）∶1，本地早蜜橘（70～80）∶1，椪柑（70～90）∶1，脐橙（50～60）∶1，柚（200～250）∶1，红美人100∶1，天草（70～80）∶1，甘平80∶1。也可根据目标产量确定每株树的留果量后进行疏果。弱树提高叶果比。

第三节　预防裂果

柑橘裂果发生的时间多在夏末至秋中，其症状是脐部（多数）开裂，后延至子房缝线纵裂，瓤瓣破裂。裂果如不及时处理，最后会脱落，或遭受霉菌侵染，变质霉烂。

一、裂果发生的原因

水分供应变化剧烈是裂果发生的主要原因，夏秋高温时正处于果实迅速膨大期，如果缺水或遇到久旱又未供水，不但果实生长缓慢，叶片还要向果实夺取水分，甚至使果实停止"发水"膨大，果实僵硬。在这种情况下，若突遇大雨或大量灌水，树体根系吸收大量水分，果实汁胞迅速膨大，向外扩张，而果皮细胞生长缓慢，薄的果皮抗不住果肉组织中瓤囊膨大的压力而开裂。无核品种，例如温州蜜柑、脐橙、玉环柚、红美人、甘平等，容易发生裂果，有种子的品种相对不容易发生裂果。

二、裂果的预防

若能在高温干旱季节前提早采取相应措施，则可大大减少裂果的发生。

1.**选育和选用优良品种**　如能选育出耐高温果品种，或使膨大期避开高温、干旱季节的特早熟和晚熟品种，则可减少裂果的发生。

2.**加强水分管理**　建立健全排灌系统，不但要使沟渠畅通，使雨季能及时排除园内积水，并且应在果园上坡或园内开挖大小水塘、水池、水坞、竹节沟等蓄水抗旱，以便在高温干旱季节能有充足的水源，满足漫灌、浇水、喷洒的需要。

在梅雨季过后对园地进行全面松土，以便切断土壤中的毛细管，大量减少土中水分蒸发，有利于减少裂果、落果。夏、秋干旱时进行灌水，以保障土壤持续地向植株提供水分，特别需要注意的是，在相同灌水量的情况下，可减少每次灌水量，缩短灌水时间间隔，增加灌水次数。

3.**合理施肥**　对于当年结果数量大，且往年也有严重裂果落果现象的柑橘园，在施壮果肥时少施磷肥，适当多施钾肥和氮肥（旺树要控制氮肥），以增强树势、充实果实组织、增加果皮的厚度和坚韧度。此外，在果实膨大期，每隔15天左右在叶面喷洒一次1%～2%草木灰浸提过滤溶液，或在草木灰过滤溶液中加1%石灰水混合液进行喷洒，或喷高钙液肥，可以增厚果皮、增加韧性、降低裂果数量。另外，改善土壤理化性质，提高土壤保水性；改良施肥方法，采用沟施或穴施，增加根系深度，也可避免水分供应发生急剧变化。

4.**园地覆盖**　在完成园地全面松土、施肥后，及时用稻草、青草或秸秆等覆盖园地，厚度10～15厘米，并压少量碎土，以免风吹草动。可起到降温、保湿和防草作用。

（吴韶辉　刘高平　石学根）

第九章
延 后 栽 培

　　柑橘延后栽培是将果实挂在树上延至翌年 1 ～ 3 月采收的栽培方法。柑橘延后栽培的优点是：一是延长柑橘新鲜果实上市期，同时有效地提高果实品质，增强抵御风雨、冻害等自然灾害的能力，保障柑橘高效生产。二是果实可溶性固形物含量（TSS）和糖度较高，可溶性固形物含量达到高糖度指标（12% 以上），酸度较低（0.6% 左右），即固酸比和糖酸比较高，果肉极易化渣，风味口感特佳，果皮色泽鲜艳，品质综合性状好于露地。大棚内的日灼果、裂果和病虫害果明显减少，每 667 米² 产量可达 2 500 千克以上，商品果率达 90% 以上，果实销售价格和经济效益可提高数倍，即使出现隔年结果，效益仍然很高，值得推广。浙江地区以大棚薄膜覆盖延后栽培效果较好。

第一节　大棚设施的建立

一、大棚的立地条件

　　第一，大棚立地条件以平地或缓坡地为宜。坡度较陡的山地，由于冷空气下沉、热空气上升，使覆膜后棚内不同部位温差较大，导致白天上部果实热害、夜间下部果实冻害发生，因此不适宜建大棚。

　　第二，要求排水和灌溉条件良好。特别是平地和低洼地建大棚的，要开深沟，四周排水沟深度 60 厘米以上，园内隔行排水沟深度 40 厘米以上。否则，水排不出去，就失去了覆膜后果实提高糖度和防止浮皮的效果。

　　第三，大棚面积要求 1 000 米² 以上，过少则不利于保温以及温湿度管理。

二、大棚的建造

　　柑橘大棚可以采用竹木（图9-1）、钢架建造（图9-2），竹木大棚成本低，使用寿命 2 ～ 3 年；钢架大棚成本高，使用寿命 10 年以上。

　　1. **竹木结构大棚**　竹木大棚示意图见 9-3，各地可根据实际情况建造。

　　2. **钢架结构大棚**　钢架大棚的类型可分单栋大棚和连栋大棚（图9-4）。单栋大棚保温性能较差，要求采用连栋拱圆形大棚，以两行柑橘树为一栋。单栋大棚宽度通常为 7 ～ 9

图9-1 竹木大棚

图9-2 钢架大棚

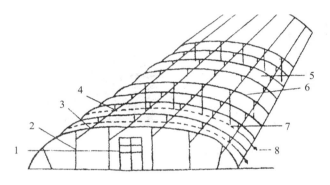

图9-3 竹木结构大棚示意图
1.门 2.立柱 3.拉杆 4.吊柱 5.棚膜 6.拱杆 7.压杆 8.地锚

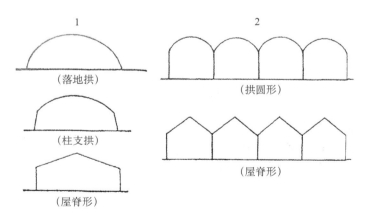

图9-4 钢架大棚的类型
1.单栋大棚 2.连栋大棚

米；树冠顶部与膜间的距离应保持在1.5～2米，肩高与顶高相差1.5米左右。因为从垂直高度的温度变化来看，越接近棚顶薄膜，温度变化幅度越大，气温越高，越容易发生果实浮皮、日灼等伤害。例如，树高为2.5米，则顶高应为4米以上，肩高3米以上，大棚四周离薄膜的距离一般为50～100厘米。棚架上及四周先拉防风网，再覆盖薄膜。

连栋大棚由单栋大棚组合而成，按地形和土地面积设计，建造方法参照单栋大棚。此外，大棚有单层薄膜覆盖和双层薄膜覆盖两种构造。为了防止强冷空气引起的低温冻害，要求建造可覆盖双层薄膜的棚架。

3. **斜坡地大棚** 由于浙江省山地较多，在山坡地建大棚，多以避雨为主。一般大棚顶部与梯田平行，采用拱顶（图9-5）；或顶部与坡度平行，采用平顶或拱顶（图9-6）。

图9-5 顶部与梯田平行　　　　　　　　　图9-6 顶部与坡度平行

三、棚内设置

1. **防风网** 一般采用网眼孔径1厘米左右的绿色或蓝色捕鱼网作为防风网；在棚架上及四周先拉防风网，再覆盖薄膜。防风网的作用是降低风速并增加薄膜的牢固度；防止鸟进园地啄食果实；有轻度的遮光作用，夏季高温季节可有效预防果实日灼危害。

2. **塑料薄膜** 塑料薄膜采用防老化、防雾滴聚乙烯农膜，厚度不少于0.09毫米。采用大棚专用压膜线，间距1.8米，压膜线顶部、侧面均用八字簧固定。

3. **遮阳网** 遮阳网主要是为了防止夏、秋高温干旱期强光温对果实的灼伤。2013年经较长时期40℃以上的高温考验，凡拉绿色防风网的大棚内，没有发现日灼果，说明防风网也有遮阳的效果。如果夏季温度达35℃以上，才需盖遮阳网，用透光率70%以上的遮阳网覆盖。遮阳网覆盖过早（遮光过早）或遮光过度会严重影响光合作用，导致树冠中下部养分不足而引起大量落果。

4. **滴灌与地膜** 在树冠下设置带有压力补偿功能（水流量调节功能）的滴水管道，其上周年覆盖透气性地膜。如果将滴水管埋入地下，很费工，可先铺设在地表面，在更换地膜时，用堆肥和客土覆盖滴水管。带有压力补偿功能的滴头，采用以色列进口的滴灌设备质量较好，在一定水压条件下它可以延伸到100米范围进行定量灌水，有高度差的山坡地也可使用。据吉川等（2001）报道，外径17毫米的滴水管，滴口间隔相距30厘米，每滴口的灌水量为2.3升/小时。市场上有各种规格的滴管配件，可以根据实际情况进行选择。

地膜的种类较多，一般以透气透湿性的地膜较好，如美国的杜邦特卫强膜、日本的黑白膜、我国的白色地膜、银黑双色反光膜等，可供选用。

第二节　棚内温湿度管理

一、管理原则

第一，由于大棚比露地最高温度可高3～10℃，最低温度可提高1～5℃，而且整个冬季大棚内温度几乎都在0℃以上，果实冻害风险较小。因此，建高质量大棚及设施，认真管理栽培是确保温州蜜柑延后栽培成功的基础。

第二，从垂直高度的温度变化来看，离地面越高（越接近棚顶薄膜），温度变化幅度越大，最高温度越高。因此，为了预防和减轻果实浮皮等果实高温障害，树冠顶部与覆盖薄膜间的距离应保持在100～150厘米，四周与树冠相距50厘米。

第三，大棚内的地温明显高于露地地温，气温越低，棚内、外的地温差异越大。在浙江黄岩，在较低温度时期，大棚地温最低在8.8℃以上，仍比露地高0.5～2℃，因此整个冬季温州蜜柑的根系几乎均能吸收养分和水分，有利于柑橘挂果和越冬。但是要注意控制灌水和施肥，使大棚内保持少湿干燥和少肥的状态，以利于提高果实品质。

第四，据温度最低日和最高日的经时变化分析，大棚最高温度出现在上午12时至下午2时，最低温度出现在早晨2～8时，几乎都在0℃以上，棚内果实能安全越冬。因此，覆盖期间遇到晴朗的高温天气，在上午10～12时要注意观察温度的上升，如果温度升至20℃，就要及时打开裙膜进行通风换气，将最高温度控制在25℃以下。

二、日常管理

每年3～6月的雨季，如果雨水过多，要采用塑料薄膜顶部覆盖，以避免雨水进入园内，特别是花期多雨的年份要及时覆盖；夏、秋季，即7月至10月底揭去薄膜和地膜。当最高气温高于35℃时，用透光率70%以上的遮阳网覆盖，可降低温度，防止裂果和日灼果，但是当温度下降后要及时揭去遮阳网，因过度遮阳会影响叶片光合作用和果实糖度，甚至引起树冠内膛和下部果实脱落；10月下旬至11月上旬5天的平均最高温度降至25～20℃时，先进行顶膜覆盖避雨（图9-7），以减轻果实浮皮的发生；注意收听天气预报，在霜冻来临前，及时进行全封闭塑料薄膜覆盖，地面要覆盖反光地膜，但当上午10时至下午2时气温接近20℃时（以树冠中、上部为准），揭裙膜通风降温，将最高温度控制在25℃以下，该管理方法一直持续到果实采收（翌年1月底至2月底）。采果施肥后1个月间，白天要继续全封闭覆盖塑料薄膜和反光地膜，以提高温度及叶片光合作用效力；晚上要打开四周裙膜降低温度，增加昼夜温差，以促进养分积累和花芽分化。

低温寒流期和降雪时，为了果实安全，可采用双层薄膜保温防冻，或在近顶棚处挂电灯或其他暖气设备增温。如果在2月下旬采收，则要从2月中旬起进行遮光覆盖，以防止果实褪色。

关于水分管理，大棚内3～7月采用适湿管理，11月至翌年2月采用少湿干燥管理，7～10月介于上述两者之间。湿度的控制，采用的是在滴灌基础上覆盖反光膜的方法。研究表明，温州蜜柑果实膨大后期至成熟期在高湿度条件下容易发生浮皮，当成熟期温度超

图9-7　顶膜覆盖

过25℃时，会导致果皮二次生长而加重浮皮，直接影响果实品质。

第三节　品种选择与栽培要点

一、品种选择

品种选择基本依据是：果实高糖高酸，在延后期间糖度有所提高，或至少不明显下降，不易发生浮皮、落果、砂囊粒化和砂囊干燥等生理障碍。

日本竹林晃男等对98个品种完熟栽培中的果实障碍发生及糖酸变化研究，结合综合性状，提出早熟温州蜜柑、宫内伊予柑及清见等品种适宜延后栽培。

据浙江省柑橘研究所研究，温州蜜柑品种中以宫川早熟温州蜜柑品种最适于延后栽培，主要表现在果实可溶性固形物含量和糖度较高，可溶性固形物含量可达到13%以上，酸度较低（0.6%左右）等，即果实固酸比和糖酸比较高，果肉极易化渣，风味口感特佳，果皮色泽鲜艳。中、晚熟温州蜜柑品种，即使越冬完熟后，果肉囊衣化渣性也差，酸度较高，品质不会明显提高，所以不适合延后栽培。此外，温州的瓯柑、常山胡柚、温岭高橙等品种也适用于大棚延后栽培。其中，瓯柑、温岭高橙可延迟到翌年3月，果实减酸明显，糖酸比提高，色泽更浓；常山胡柚可延迟到翌年2～3月，果实减酸明显，果皮从不易剥离变得易剥离。

各地可根据当地的实际情况选择适宜的品种进行试验推广。

二、栽培要点

（一）施肥

1. **常规施肥** 延后栽培中早熟温州蜜柑的施肥特点重施采果肥和春肥，施足有机肥（有机肥占全年纯氮量的30%～50%），夏肥看树施肥或用多次叶面肥代替。1～2月果实采收后，立即喷微补果力800倍液，或绿芬威2号800～1 000倍液1次，隔20天后喷翠康花果灵500倍液1次，同时灌足水，隔天后进行地面施肥。株产50千克果实的树，株施饼肥3千克加三元复合肥（N：P_2O_5：K_2O=15：15：15的复合肥，下同）0.75千克，或尿素0.1～0.2千克或加三元复合肥0.75～1.0千克。3月上旬施春肥，株施三元复合肥0.25～0.5千克，加钙镁磷肥1千克、硫酸钾0.15千克，拌匀后施。4月弱势树、多花树喷微补果力800倍液，或绿芬威2号1 000倍液1次。盛花期喷翠康花果灵500倍液1次。7月上中旬喷微补果力800倍液，或绿芬威2号1 000倍液1次。用上述叶面肥代替壮果肥。为减轻果实浮皮，可在果实发育后期至着色初期（8月上旬、8月下旬、9月下旬）喷钙肥2～3次，可选用微补钙力500倍液，或翠康钙宝500倍液，或绿芬威3号1 000倍液等。要注意叶片缺素症的发生和防治。如出现隔年结果，休闲年的施肥与露地相同。

2. **滴灌施肥** 在周年覆盖条件下，可以采用低浓度液肥、多次滴灌同时施肥的方法。高浓度液肥不但肥料利用率低，而且会使根系受害。以株产25千克左右的温州蜜柑为例，其氮肥的使用方法是：肥液浓度为纯氮150毫升/升，从5月下旬至8月中旬，每周滴灌3次，每次每株树用10升液肥。8月下旬至采果期一般中断灌水和施肥，进行干燥处理，以提高果实糖度。但是在特别干旱的年份，为了维持树势，可根据树的萎蔫情况用清水滴灌几次，尤其是在长期干燥的情况下，果实糖高酸也高，采收前灌水1～2次可以大大降低酸度，改善果实品质；灌水量宜少，每次每株以5升为宜。采果后（11月）至12月每周滴灌上述浓度和用量的肥液水2次。

施肥量因树龄和果实产量的不同而不同，但因覆盖条件下没有雨水溶失和杂草争夺肥料等，施肥量可减少40%，即为常用施肥量的60%左右，每667米²产量2～3吨的柑橘园一年需要纯氮10～15千克、五氧化二磷7.5～10千克、氧化钾9～14千克。磷、钾肥宜在覆盖前每株挖4～5个穴施入，或与栏肥等有机肥一起腐熟后施入。可溶性磷、钾肥也可以与氮肥混合后滴施。

（二）促花保果与疏果

延后栽培由于采收过迟，而消耗大量储藏养分，往往出现隔年结果的现象。韩国是在2～3月采收果实，采用隔年结果模式进行延后栽培的。据试验，在1月下旬至2月的春节前采收时，只要管理得当，可实现连年结果。促进花芽分化和提高花质是实现连年结果的关键性措施，在采收后可立即喷微补果力、绿芬威2号和翠康花果灵等；棚内继续保持干燥；在不会受冻害的前提下，尽量保持低温，即白天覆盖增温，夜间打开裙膜降温，增加昼夜温差，以促进养分积累，诱导花芽分化。对开花过多的弱势树在花期剪去部分花枝，盛花期喷微补果力、翠康花果灵等营养液进行保果；对生长势强的树疏去树冠中上部旺长的春梢，或采用环割（剥）等，可以保果。

疏果按叶果比进行，留果量略多于露地，早熟温州蜜柑（15～20）：1，疏除病虫果、畸形果、裂果、直立朝天果、特大果，最终每667米²按留果量2 500～3 500千克的产量来确定。

对于结果很多的大龄树，可在第一次生理落果后疏除病虫果、畸形果等；在8～9月采用局部枝条全疏果（见第八章，图8-1），或树冠上部全疏果（见第八章，图8-2），疏去树冠顶部和上部外围的果梗大的、果皮粗的向天果等。这两种疏果方法，疏果后不会明显促进果实膨大，但可显著提高果实品质，有效促进翌年着花。此外，对结果多的树还要做好果实支撑或吊枝工作。

（三）修剪

温州蜜柑采用自然开心形，树冠高度控制在3米以下，主干高度30～50厘米，主枝3～4个，绿叶层高度保持在150～200厘米。春季修剪时，采用大枝修剪，疏除树冠中上部的直立大枝，控制树冠高度，打通光路，改善树冠中下部的光照条件，培养健壮的结果枝组和结果母枝来促进结果，提高果实品质。在主枝、副主枝上间隔30～50厘米培养1个结果枝组；春季（2～3月）和夏季（6月下旬至7月下旬），在主枝或副主枝上选择分布合理、粗度0.8厘米以上的枝条进行短截或回缩，短截或回缩时可在枝条的基部留10～15厘米进行修剪。

春梢和秋梢均是良好的结果母枝，当春梢生长量不足时，应控制夏梢，培养健壮的秋梢；可以采用抹芽放梢法或夏季修剪法促发秋梢。抹芽放梢法适合初结果树及生长旺盛的结果树，方法是及时抹除6月至7月中下旬萌发的所有夏梢，到7月20日前后停止抹芽。夏季修剪法适合成年结果树，方法是在6月25日至7月25日左右，对所有主枝、副主枝上没有结果的枝条或枝组留15厘米左右进行短截或回缩。

大年结果的年份，以轻剪为主，只剪去病虫枝、衰弱枝、过密枝。出现隔年结果时，休闲年采用夏季修剪法，促使果树8月抽生大量的优质秋梢，为翌年结果打下基础。

（四）病虫害防治

相对露地，大棚内虫害减少、病害增加。由于冬季大棚内暖和，其温度很适于红蜘蛛等螨类的繁殖与生长，因此在注意防病的同时，还要加强螨类的检查和防治。药剂的使用浓度和方法与露地相同，而且药剂可与营养液混合一起喷。采收前要注意药剂安全间隔期。休闲年的嫩梢期要注意蚜虫和食叶性害虫的防治。

第四节　果实采收和销售

一、采收期的确定

1.**采收时期确定依据**　早熟温州蜜柑在大棚延后栽培果实成熟至衰老过程中，随着时间的推移，酸含量一直下降；果实可溶性固形物含量、总糖一直提高（干旱年）或达到最高值后下降（多雨年）；糖组成比率变化是，还原糖比率前期大致呈直线下降现象，到2月初开始提高，而蔗糖比率则反之；维生素C表现为上升趋势，维持平稳后开始不稳定的上升（干旱年）或下降（多雨年）。露地栽培的变化趋势与大棚的基本一致。据栗山隆明研究，2月份还原糖的增加与果实老化现象有关。多雨年份从2月初起可溶性固形物含量、总糖、维生素C等明显下降，也表明与果实衰老有关。中小果型的红美人可延迟至1月中旬，之后果肉发软，风味开始退步；宫川和兴津品种可延迟至1月底，2月初开始进入果实衰老期，3～4月采收会出现果实回青现象；胡柚和葡萄柚可延迟到2月；瓯柑和高橙可延迟到3月。

果实重量随着时间的推移而减轻，表现在浮皮率增加，单位体积果重和可食率降低。2月初起果实失重较快，果皮褪色严重，浮皮率迅速上升，果实枯水严重，表明果实已进入衰老期。

早熟温州蜜柑果实进入完熟期的指标是：可溶性固形物含量达到高糖度指标的12%，酸度降至0.8%左右，维生素C变化较平稳。果实进入衰老期的指标是：糖组成中还原糖比率由下降转向提高，浮皮率接近或超过15%，酸度降至0.65%左右，维生素C出现不稳定的上升或下降，可溶性固形物含量开始下降。大致时期是：11月中下旬至翌年1月底的60天左右为果实品质最佳的完熟期；2月初开始进入果实衰老期，品质逐渐下降。

2．以经济效益为目标的采收期　果实最佳采收期应该是果实品质最佳的完熟期，即11月中下旬至翌年1月底的60天左右。延后栽培的目的是为了获得最大的经济效益，因此最佳采收期的确定，既要考虑果实品质，又要考虑销售价格、树势的恢复和隔年结果等问题。从历年的销售情况看，浙江省早熟温州蜜柑延后栽培者在1月下旬至2月的春节前采收的，销售价格较高。

二、销售策略

总的原则是：分批分级采收，精美包装，品牌销售，不长期贮藏。

设施柑橘可分3次采收。一是在九成熟时，采摘树冠上部和外围的1/4左右果实，主要采收畸形果、朝天果、日灼果、密生果，即品质最差的果实，作等外果低价销售。二是在果实完熟后再采去1/4左右品质中等的果实，即树冠上部、中部及外围、果径65毫米以上的L级、2L级大果。三是留下树冠中部、下部55～65毫米的精品果实，在春节前采收，作优级果销售。这样既可获得最佳的经济效益，又有利于保持树势。

第五节　隔年结果与浮皮的调控技术

一、延后栽培中的隔年结果及调控技术

柑橘果实留树越冬栽培中往往出现隔年结果问题，采收期越迟、产量越高，越容易引起隔年结果。

1．隔年交替轮换结果技术　所谓隔年交替轮换结果，是在一个园地中将一半左右的树最大限度地结果，一半左右的树不结果，有计划地进行隔行交替轮换结果和不规则的自然交替轮换结果（图9-8）。对温州蜜柑来说，结果大年可生产出大量的中、小型果实，是可以高价销售的优质果，即使两年结一次果，其经济效益与连年均匀结果的栽培模式不相上下。

图9-8　大年结果和休闲年的枝梢抽生情况

2．树冠局部疏果调控大小年结果技术　早期树冠局部疏果就是将树冠上部的果实全部疏去，或将局部枝条的果实全部疏除。从生产实际情况来看，早熟温州蜜柑6～7月的早期疏果可采用树冠局部全疏果的方法，即对结果过多的树，疏去树冠上部1/3左右的果实，或局部枝条全疏果。早期局部疏果不会明显促进果实膨大，并具有保持树势和减轻隔年结果的作用。

后期（9月）至九成成熟期实行精细疏果。疏去日灼果、病虫果、畸形果、向天的粗皮大果、密生果等品质最差的果实，既可提高果实品质，还有利于连年结果。

二、浮皮

所谓浮皮，是指包裹果肉的囊瓣膜（囊衣）与果皮分离后浮起，果皮与囊瓣膜之间产生空隙，是一种生理病害。该症主要发生在成熟后期的果实中，易剥皮的宽皮柑橘类，如温州蜜柑、椪柑等特别容易发生，而皮硬或难剥皮的品种如甜橙、红美人等则不易发生。浮皮的发生与品种品系、树势、结果量、施肥、园地排水和通风的好坏、收获期的迟早等有关，可采取相应的预防技术。

1．降低果园湿度　进入着色期（10月）以后，如果果实长时间处于高温、高湿状态，就会诱发浮皮。所以，秋季以后要使园内的排水和通风良好，园地干燥，则不易发生浮皮。特别是密植园要加强管理，可采用地膜覆盖、大棚避雨、大棚越冬栽培等技术，使园地保持低湿。在冬季大棚覆盖条件下，棚内温度提高的同时，湿度也增加，为了减轻浮皮发生，可将温度控制在0～25℃的情况下，打开裙膜通风降湿；大棚内要使用滴灌，不要将水喷到叶片和果实上，并采取地膜覆盖配合滴灌和施肥，控制棚内湿度。

2. 疏除大果　果实越大，浮皮越严重。为了获得最佳的经济效益，生产上要采取措施，多生产中、小型果实。就早熟温州蜜柑而言，要尽早疏除66毫米以上的2L级大果，留中、小型果实，最好是果径55毫米以下的果实，进行完熟采收。

3. 控制氮肥及施用时期　氮素过多，成熟期氮肥迟效都会促进浮皮果的发生。目前，为了防止隔年结果，常采用重施夏肥的方法，但是应注意施用时期不宜过迟，施用量不宜过大，肥料种类以化肥为主。

4. 适时采收　采收期越迟，浮皮表现越严重。现在各地普遍采用完熟栽培技术来提高果实糖度，但也应考虑贮藏期，即用于长期贮藏的果实要提早采收，直接鲜销的果实可完熟后采收。提倡分批采收。

5. 喷布钙剂　据日本的研究报道，喷布下述制剂可减轻果实浮皮。①碳酸钙可湿性粉剂（CLEF-NON）100倍液，在收获前30天至10天（10月2日，10月27日）各喷1次。②氯化钙·硫酸钙水剂300倍液，8月下旬至10月中旬，喷2～3次。

又据试验，喷施钙制剂或含钙量高的叶面肥，具有抑制温州蜜柑果实浮皮的效果。例如，以宫川温州蜜柑为试材，用翠康钙宝、绿芬威3号各1 000倍液，于果实膨大期（7月16日、8月10日、9月24日）喷施3次，可有效地减少浮皮果。

6. 喷施植物生长调节剂　在着色前1个月的生理浮皮高发期，用赤霉素（GA$_3$）5毫克/升喷布1次，有明显减轻浮皮症的效果。但喷施后果皮上会出现绿色斑块，贮藏后也不消褪，影响果实外观。

7. 阴干贮藏　对易发生浮皮的果实，在采前10天喷防腐剂，采后进行较高温度的预处理。控制贮藏库内温、湿条件，注意通风，创造阴凉干燥的贮藏条件。完熟采收的果实要尽快销售，如一时无法销售，可选中、小型果实进行短期贮藏，贮藏期以不超过40天为宜。

（吴韶辉　石学根）

第十章
病虫害防治

第一节　柑橘病害

一、柑橘疮痂病

1. **发病规律**　病原菌以菌丝体在病叶、病枝等患病组织内越冬。翌年春季气温回升时，分生孢子借助风雨传播至嫩叶、嫩梢和谢花后的幼果上，孢子萌发后侵入植物组织导致发病（图10-1）。适温和高湿是该病流行的重要条件，发病的温度范围为15 ～ 30 ℃，适宜温度为20 ～ 28 ℃。

图10-1　疮痂病

2.防治方法

（1）冬季或早春。结合冬季清园，剪除病枝病叶，同时喷施0.8%等量式波尔多液或0.8～1波美度石硫合剂、松碱合剂8～10倍液等药剂。

（2）春芽期。在芽长2毫米左右时，喷施保护性药剂0.5%～0.8%等量式波尔多液、80%代森锰锌可湿性粉剂600倍液或46%氢氧化铜水分散粒剂800～1000倍液等。

（3）花谢2/3时。与春芽期用药轮换，喷施保护性药剂80%代森锰锌可湿性粉剂600倍液，或70%丙森锌（安泰生）可湿性粉剂600倍液、46%氢氧化铜水分散粒剂800～1000倍液。

（4）幼果期。于上次用药后2～3周，喷施治疗性药剂60%吡唑醚菌酯·代森联水分散粒剂750倍液，或10%苯醚甲环唑水分散粒剂2000倍液、43%戊唑醇悬浮剂3000倍液、250克/升嘧菌酯1000倍液等，及保护性药剂80%代森锰锌可湿性粉剂600倍液等。

（5）其他防治措施。适期避雨，有条件的橘园从开始谢花时起避雨3～4周，可有效控制发病；以有机肥为主，实行配方施肥；春夏季排除积水，改善果园环境；加强检疫，采用无病苗木建园。

二、柑橘树脂病

1.**发病规律**　通常将在枝干上发生的称为树脂病或流胶病（图10-2）；在果皮和叶片上发生的称为黑点病或沙皮病（图10-3）；在贮藏期果实上发生的称为褐色蒂腐病。病菌主要以菌丝、分生孢子器和分生孢子在病树组织内越冬，分生孢子借助风、雨、昆虫等媒介传播。在有水分的情况下，孢子才能萌发和侵染，适宜温度为15～25℃。该病菌为弱寄生菌，只能从寄主的伤口侵入。树势衰弱，可加重其发病。当病菌侵染无伤口、活力较强的嫩叶和幼果等新生组织时，则受阻于寄主的表皮层内，形成许多胶质的小黑点。因此，只有寄主有大量伤口存在，且雨水多、温度适宜时，枝干流胶、干枯及果实蒂腐才会发生流行。而黑点和沙皮的发生则仅需要多雨和适温。

图10-2　树脂病

图10-3　黑点病

2. 防治方法

（1）冬季或早春。冬季或早春剪除病枝枯枝，并带出园外集中烧毁，并可喷施0.8%等量式波尔多液，或0.8～1波美度石硫合剂、松碱合剂8～10倍液进行清园。若枝干发病则于春季彻底刮除枝干上的病组织，用酒精消毒后，再涂抹50%甲基硫菌灵可湿性粉剂100倍液、乙蒜素、硫酸铜100倍液等药剂。

（2）春梢萌发期。于春梢萌发期喷施0.8%等量式波尔多液，或80%代森锰锌可湿性粉剂600倍液等药剂。

（3）花谢2/3时至果实膨大期。在谢花2/3时即开始喷药，80%代森锰锌可湿性粉剂600倍液，可添加99%矿物油250倍液。每隔14～20天喷药1次，直至果实膨大期结束。

（4）其他防治措施。营造防护林，做好防冻、防旱和防涝工作，保持树体强健；对于栽培较稀疏的果园，在盛夏前将主干涂白，以防日灼；对于树势较差的果园，采果前淋施腐殖酸水溶肥，稳定树势，采果后施用有机肥和水肥，恢复树势。

三、柑橘炭疽病

1. 发病规律　病菌以菌丝体或分生孢子在病枝、病叶和病果组织上越冬，翌年环境条件适宜时，分生孢子借助风雨或昆虫传播，孢子萌发侵入寄主引起发病（图10-4，图10-5）。在高温多雨、低温多湿等不利气候条件下发病严重。该病菌为弱寄生菌，健康组织一般不会发病，当低温冻害、高温干旱、耕作移栽、果园积水、施肥过量、酸性过大、环割过度、超负挂果、肥力不足、虫害严重或农药药害等造成根系损伤、树势衰弱、局部坏死或伤口的情况下，该病害发生严重。

图10-4　炭疽病（急性型）

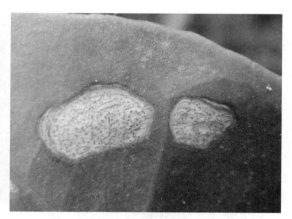

图10-5　炭疽病（慢性型）

2. 防治方法

（1）冬季或早春。清园，剪除病虫枝和徒长枝，清除地面落叶，并集中烧毁，减少侵染源。修剪后在伤口处涂抹波尔多液，或喷施10%苯醚甲环唑水分散粒剂2 000倍液、25%丙环唑乳油1 000～1 500倍液等药剂清理树体病菌。

（2）春梢期至果实转色期。以预防为主，把病害控制在发病初期。可选药剂有80%代森锰锌可湿性粉剂800倍液、12.5%腈菌唑可湿性粉剂1 000倍液、45%咪鲜胺乳油1 500倍液，

60%吡唑醚菌酯·代森联水分散粒剂750倍液、10%苯醚甲环唑水分散粒剂2 000倍液、43%戊唑醇悬浮剂3 000倍液、250克/升嘧菌酯1 000倍液等，注意药剂的轮换使用。

（3）果实成熟期至采收后。果实成熟期喷施45%咪鲜胺乳油1 500倍液，采收后用40%双胍辛烷苯基磺酸盐（百可得）可湿性粉剂1 000倍液+45%咪鲜胺（施保克）乳油1 000倍液或40%双胍辛烷苯基磺酸盐可湿性粉剂（百可得）1 000倍液+50%抑霉唑水乳剂1 000倍液浸果。

（4）其他防治措施。注意防虫、防冻、防日灼，避免不恰当的环割等伤害树体；重视果园深翻改土，增施有机肥，实行配方施肥，改良土壤，增强树势；及时灌溉保湿、排除积水，保证树体健康生长；果园种植绿肥或生草栽培，改善园区生态环境。

四、柑橘黄龙病

1. **发病规律**　该病害的病原为韧皮部内寄生的革兰氏阴性细菌，可通过柑橘木虱、嫁接和菟丝子传播，远距离传播的主要途径是带病接穗和苗木的调运，近距离传播主要靠柑橘木虱(图10-6)。当田间存在病树，且柑橘木虱发生普遍时，该病发生严重且流行速度快（图10-7，图10-8）。

柑橘木虱在周年有嫩梢的条件下，一年可发生11～14代，浙南橘区一年可发生6～7代，

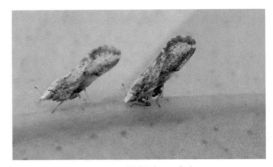

图10-6　柑橘木虱成虫

田间世代重叠。在8℃以下时，成虫静止不动，14℃时可飞能跳，18℃时开始产卵繁殖。以成虫在树冠背风处越冬，翌年春季柑橘萌芽时，越冬成虫即在嫩芽上吸取汁液，并在叶间缝隙处产卵。春梢期为柑橘木虱繁殖的第一个高峰期，第一次夏梢期为柑橘木虱为害的第二个高峰期，秋梢期为一年中虫口密度最大、受害最严重的时期，10月中旬至11月上旬的迟秋梢期柑橘木虱会再发生一次高峰。

图10-7　黄龙病（红鼻子果）

图10-8　黄龙病（叶片斑驳）

2．防治方法

（1）严格检疫。杜绝病苗、病穗和柑橘木虱传入无病区和新种植区。

（2）农业措施。

①在无病区或自然隔离条件好的地方建立无病苗圃，或在封闭式网棚内培育无病苗木。接穗和砧木应采自无病母树，或经过严格的检测和脱毒处理，确保其不携带黄龙病菌。

②坚持每次新梢转绿后全面检查橘园，发现病树后先喷施速效杀虫剂防治柑橘木虱，以免挖树时柑橘木虱迁飞扩散传播黄龙病。之后及时挖除病树销毁，不留残桩，对于易挖除的小树，应连根挖除；对于难挖除的大树，在锯除树体后用草甘膦涂抹树桩，并包膜盖土，使树根腐烂不再萌发新梢。

③加强栽培管理，保持树势健壮，提高耐病能力。

④切忌在果园附近种植九里香、黄皮等树木。

⑤实行产业化种植，新区要统一规划，统一采用无病苗木，统一技术规程。

⑥在病区重建柑橘园，应成片挖除病树、老树，清理环境，安排好必要的隔离条件，经种植2年其他非寄主植物后，再种植无病苗木。

（3）化学防治。及时、有效地防治黄龙病传播媒介——柑橘木虱，达到治虫防病的目的。

①冬季。采果后喷药清园，消灭柑橘木虱成虫，对于感染柑橘黄龙病的病树，应先喷药再挖除。可喷施20%吡虫啉可湿性粉剂2 000 ~ 3 000倍液、10%烟碱500 ~ 800倍液、3%啶虫脒可湿性粉剂1 000 ~ 2 000倍液、1.8%阿维菌素乳油2 000倍液等。

②春、夏和秋梢期。在新芽初露期即开始喷药，间隔10天左右复喷，可喷施20%吡虫啉可湿性粉剂2 000 ~ 3 000倍液、50%氟啶虫胺腈水分散粒剂（可立施)4 000 ~ 5 000倍液、10%烯啶虫胺可湿性粉剂2 000倍液和拟除虫菊酯类农药2 000 ~ 4 000倍液等。

（4）其他防治措施。同一果园内种植的柑橘品种尽量一致，便于落实统一的管理措施；加强肥水管理，使橘树长势旺盛，新梢抽发整齐，利于同一时间喷药。

五、柑橘灰霉病

1．发病规律 病菌以菌核及分生孢子在病部和土壤中越冬，翌年温度回升，遇多雨湿度大时即可萌动产生新的分生孢子，新、老分生孢子由气流传播到花上。初侵染发病后，又产生大量新的分生孢子，再行传播侵染（图10-9）。花期遇寒流、连日阴雨均有利于该病害的发生和流行。

2．防治方法

（1）冬季。冬季清园，结合修剪，剪除病枝病叶并烧毁，可喷施0.8%等量式波尔多液或0.8 ~ 1波美度石硫合剂、松碱合剂8 ~ 10倍液进行清园。

图10-9　灰霉病

（2）花期前。开花前喷药1 ~ 2次预防，可喷施500克/升异菌脲悬浮剂1 000 ~ 1 500

倍液，或80%代森锰锌可湿性粉剂600倍液、50%啶酰菌胺1 000 ~ 1 500倍液、40%嘧霉胺悬浮剂1 000 ~ 1 500倍液等。

（3）花期。花期发病，在早晨趁露水未干时及时摘除病花。在花谢2/3时，如遇连续阴雨天气，需及时进行摇花，避免花瓣在幼果上堆积。

第二节　柑橘虫害

一、柑橘全爪螨

1. 发生规律　柑橘全爪螨又名柑橘红蜘蛛（图10-10，图10-11），一年发生15 ~ 20代。无明显越冬现象，但有在阴凉树皮缝隙处越夏的现象。20 ~ 30℃和60% ~ 70%的空气相对湿度是其发育和繁殖的适宜条件，温度低于10℃或超过30℃虫口受到抑制。4 ~ 6月和9 ~ 10月为发生盛期。未交配的雌成螨可行孤雌生殖，这些卵孵化后多为雄螨。卵多产在叶背的主脉两侧。冬春季营养较丰富的品种（如柚、脐橙和本地早等）和植株螨虫发生量相对较大，故在橘园分布有"中心虫株"的现象。

图10-10　柑橘全爪螨

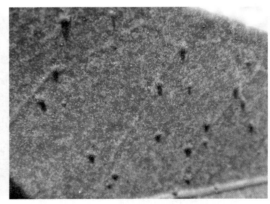

图10-11　柑橘全爪螨

2. 防治方法　防治指标为：早春（2月下旬至3月中旬）1 ~ 2头/叶；3月下旬至花前3 ~ 4头/叶；花后至9月5 ~ 6头/叶（7 ~ 8月一般不治）；10 ~ 11月2头/叶。

（1）冬季或早春。在12月上旬前进行冬季清园，在翌年2月下旬进行春季清园。剪除带螨卷叶并烧毁，可喷施0.8 ~ 1波美度石硫合剂，或松碱合剂8 ~ 10倍液、20%灭蚧40 ~ 50倍液、99%机油乳剂60 ~ 100倍液、73%炔螨特乳油1 500 ~ 2 000倍液等，减少越冬虫源基数。

（2）春梢萌发2 ~ 3厘米时。越冬虫卵孵化盛期，但未为害新梢叶片时进行喷药防治，主要喷施24%螺螨酯SC 4 000 ~ 5 000倍液、乙螨唑110克/升SC 4 000 ~ 5 000倍液、30%乙唑螨腈（宝卓）悬浮剂3 000 ~ 4 000倍液等杀卵为主的药剂，针对早春低温可添加1.8%阿维菌素2 000 ~ 3 000倍液、99%机油乳剂200 ~ 300倍液等速效性药剂。

（3）保果期。第一次生理落果期，处于雨季，需使用长效性药剂，可选用速效性药剂

1.8%阿维菌素2 000 ~ 3 000倍液、20%丁氟螨酯悬浮剂2 000倍液、43%联苯肼酯悬浮剂2 500 ~ 3 000倍液等，及杀卵药剂24%螺螨酯SC 4 000 ~ 5 000倍液、乙螨唑110克/升SC 4 000 ~ 5 000倍液等。

（4）夏梢萌发期。根据天气选择合适的药剂，温度25 ~ 30℃时，可选择1.8%阿维菌素2 000 ~ 3 000倍液、99%机油乳剂200 ~ 300倍液、24%螺螨酯SC 4 000 ~ 5 000倍液等药剂喷雾防治。

（5）秋梢萌发期。秋梢出芽前，是防治关键时期，可选用速效性药剂如1.8%阿维菌素2 000 ~ 3 000倍液、99%机油乳剂200 ~ 300倍液、20%丁氟螨酯悬浮剂2 000倍液等，注意与之前轮换用药。

（6）其他防治措施。加强栽培管理，增强树势；合理用药，实施保健栽培；果园实行生草栽培或间种豆科类绿肥，保护园内藿香蓟类杂草，改善园内小气候，保护和利用食螨瓢虫、捕食螨、食螨蓟马、草蛉等天敌。

二、柑橘锈螨

1. **发生规律**　以成螨在柑橘的腋芽、卷叶内或越冬果实的果梗处、萼片下越冬。在我国一年发生18 ~ 22代。越冬成螨在春季日均气温上升至15℃左右时开始取食为害和产卵等活动，以后逐渐向新梢迁移，聚集在叶背的主脉两侧为害。5 ~ 6月迁移至果面上为害（图10-12，图10-13），7 ~ 10月发生盛期，尤以温度25 ~ 31℃时虫口增长迅速，11月气温降到20℃以下时虫口减少。锈壁虱可借风、昆虫、苗木和从事操作的农具传播。田间的发生分布极不均匀，有"中心虫株"的现象。铜制剂对锈壁虱有诱发作用。

图10-12　柑橘锈螨

图10-13　柑橘锈螨为害状

2. **防治方法**

（1）冬季或早春。在12月上旬前进行冬季清园，在翌年2月下旬进行春季清园。在春梢萌芽前喷施石硫合剂、松碱合剂、机油乳剂、炔螨特等药剂。

（2）春梢期。当在10倍放大镜下观察虫数为1 ~ 2头/视野，或当年春梢叶背初现被害状时，喷药防治。可选用药剂为25%三唑锡可湿性粉剂1 500 ~ 2 000倍液、99%矿物油乳油200倍液、1.8%阿维菌素乳油2 000倍液、80%代森锰锌可湿性粉剂600倍液等。

（3）7～11月。当在10倍放大镜下观察叶片或果实上虫数为3头/视野时进行喷药防治，可选用药剂同春梢期，注意轮换使用。6月以后忌用铜制剂。

（4）其他防治措施。保护和利用汤普森多毛菌、食螨瓢虫、捕食螨、食螨蓟马和草蛉等天敌。

三、介壳虫

1. 发生规律

褐圆蚧（图10-14）：浙江每年发生3～4代，以若虫越冬。发育和活动的最适宜温度为26～28℃。在福州，各代一龄若虫的始盛期为5月中旬、7月中旬、9月中旬及11月下旬，以第二代的种群增长最大。

红蜡蚧（图10-15）：一年发生1代，以受精雌成虫越冬。通常5月中旬开始产卵，5月下旬至6月上旬为产卵盛期。一龄若虫期20～25天，其发生盛期一般在5月下旬至6月中旬前后。

吹绵蚧（图10-16）：在长江流域一年发生

图10-14　褐圆蚧

2～3代，以成虫、卵和各龄若虫在主干和枝叶上越冬。第一代卵在3月上旬开始产出，5月为产卵盛期。若虫于5月上旬至6月下旬发生。成虫于6月中旬至10月上旬发生，7月中旬为盛期。

图10-15　红蜡蚧

图10-16　吹绵蚧

长白蚧（图10-17）：浙江一年发生3代，主要以老熟若虫及前蛹在枝干上越冬。翌年3月中旬成虫羽化，4月上中旬为羽化盛期，4月下旬为产卵盛期，5月上旬第一代若虫孵化，5月下旬为孵化盛期。

不同种类的介壳虫发生代数不同，若虫孵化期也有早有迟，但每年的5月中旬至6月中旬，是大多数蚧类的若虫期，也是防治的关键时期。

2. 防治方法

（1）清园。冬季清园，剪除有虫、卵的枝梢，清除园内落叶、枯枝、杂草，可喷施石硫合剂、矿物油等药剂，消灭越冬虫源。

（2）化学防治。防治适期：春梢萌芽前（2月中旬至3月上旬）；第一代若虫盛发期（5月中旬至6月中旬）；第二代若虫盛发期（7月中旬至8月下旬）；第三代若虫盛发期（8月中旬至9月下旬）。药剂防治：抓第一代，6月上中旬，95%机油乳剂250倍液，或22.4%螺虫乙酯悬浮剂（亩旺特）4 000倍液、50%氟啶虫胺腈水分散粒剂（可立施）3 000倍液，发生严重的园块隔15～20天再交替喷药1次；若防治效果仍不理想，则在7～9月，用25%噻嗪酮悬浮剂（扑虱灵）1 000倍液或40.7%毒死蜱乳油1 500倍液再防治1～2次。

图10-17　长白蚧

（3）其他防治措施。合理修建，剪除虫枝；加强栽培管理，恢复和增强树势；保护和利用天敌。

四、粉虱

1. 发生规律

黑刺粉虱（图10-18）：浙江地区一年发生3～4代，世代重叠，在田间各虫态均可发现。以二至三龄若虫在叶背越冬。各代一、二龄若虫盛发期为5月至6月、6月下旬至7月中旬、8月上旬至9月上旬、10月下旬至11月下旬。

柑橘粉虱（图10-19）：在浙江黄岩地区一年发生3～4代，华南等地区可发生6代，以若虫和蛹越冬。第一代成虫在4月出现，第二、三代成虫分别在6月和8月间出现。

2. 防治方法

（1）5月中下旬。第一代若虫盛发期，即为越冬代成虫初见日后40～45天，喷药防治，

图10-18　黑刺粉虱

图10-19　柑橘粉虱

可选用药剂有10%吡虫啉2 000倍液、25%噻嗪酮1 000倍液或3%啶虫脒1 000倍液等。

（2）7月下旬至8月下旬。第二代若虫盛发期，喷药防治，与第一次用药轮换。

（3）8月下旬至9月。第三代若虫盛发期，喷药防治。

（4）其他防治措施。剪除生长衰弱及密集的虫害枝，使果园通风透光；及时中耕、施肥，增强树势，提高植株抗虫能力；保护和利用天敌，已经发现的天敌有刺粉虱黑蜂、黄盾恩蚜小蜂、瓢虫及草蛉等。

五、蚜虫

1. 发生规律

棉蚜（图10-20）：一年发生20～30代，以卵在蒲公英、夏枯草、荠菜等杂草的根部，或花椒、木槿和石榴的枝叶上越冬。翌年3月越冬卵孵化为干母，气温升至12℃以上开始繁殖，在早春和晚秋19～20天完成1代，繁殖的最适温度为16～22℃。第一高峰期出现在4月上中旬至5月下旬，正值柑橘春梢抽发期，发生量大，为害猖獗；第二高峰期出现在8月中旬至9月下旬，为害柑橘秋梢。

橘蚜（图10-21）：在浙江、江西等地一年发生10余代，在福建、广东等地一年发生20余代。以卵或成虫越冬，3月下旬至4月上旬越冬卵孵化为无翅若蚜为害春梢嫩枝叶，8～9月为害秋梢嫩芽嫩枝。以春末夏初和秋初繁殖最快，为害最烈。繁殖最适温度为24～27℃，干旱、气温较高时发生早且为害重。

图10-20　棉　蚜

图10-21　橘　蚜

绣线菊蚜（图10-22）：一年可发生20余代，春季孵出无翅干母，并产生胎生有翅雌蚜，在柑橘枝梢伸展时，开始飞向柑橘树上为害。以春梢为害最重，春梢叶片硬化时，虫数暂时减少。夏梢抽发后，又急剧上升，盛夏雨季时又趋下降，秋时再度大发生，形成第二次高峰，直到初冬才趋于下降。

橘二叉蚜（图10-23）：一年发生10余代，以无翅雌蚜或老若虫越冬。翌年3～4月开始取食新梢和嫩叶，以春末夏初和秋天繁殖多、为害重。其适宜温度为25℃左右，多行孤雌生殖，一般为无翅型，当叶片老化、食料缺乏或虫口密度过大时，便产生有翅蚜迁飞他处取食。

图10-22　绣线菊蚜

图10-23　橘二叉蚜

2.防治方法

（1）冬、夏季节。冬、夏结合修剪，剪除被害及有虫、卵的枝梢，刮除大枝上越冬的虫、卵，消灭越冬虫卵。

（2）夏、秋梢期。夏、秋梢抽发时，结合摘心和抹芽，去除零星新梢，切断其食物链，以减少虫源。

（3）晚秋梢和冬梢期。剪除全部冬梢和晚秋梢，以消灭其越冬的虫口，压低越冬虫口基数。

（4）各新梢期。在新梢有蚜率达到25%左右时，进行药剂防治，防治药剂有10%或20%吡虫啉可湿性粉剂2 000～3 000倍液、10%烟碱500～800倍液、3%啶虫脒可湿性粉剂1 000～2 000倍液、10%烯啶虫胺可湿性粉剂2 000～2 500倍液、50%氟啶虫胺腈水分散粒剂（可立施）4 000～5 000倍液或拟除虫菊酯类农药1 500～5 000倍液等。

（5）其他防治措施。橘园中悬挂黄色粘虫板；保护和利用瓢虫、草蛉、食蚜蝇、蜘蛛、寄生蜂和寄生菌等天敌。

六、黑蚱蝉

1.发生规律　黑蚱蝉完成1代需要4～5年。成虫（图10-24）每年5月下旬至8月出现，一般气温达22℃时，始见蝉鸣声。雌虫于6～8月产卵在枝条的木质部内（图10-25）。卵窝双行螺旋形沿枝条向上排列。卵在枝条内越冬，于翌年5月开始孵化，若虫落地后钻入土中，吸食树木根部汁液发育生长。老龄若虫可以土筑卵形"蛹室"，羽化时破室而出，爬上树干或枝条、叶片固定后从背部破皮羽化。

2.防治方法

（1）冬季。产卵的枝条在叶片枯萎未脱落时，或结合冬季修剪，彻底剪除，集中烧毁，同时剪除附近树木上的产卵枝，减少虫源基数。

（2）4月前。橘园松土，翻出蛹室，消除若虫。

（3）5～6月。每年5月中旬若虫出土羽化前，于被害柑橘树盘下喷施毒死蜱，或淋灌于树干半径1米内的土壤中，毒杀若虫。或可在树干包扎一圈8～10厘米宽的塑料薄膜，阻

图10-24 黑蚱蝉成虫

图10-25 黑蚱蝉产卵枝

止老熟若虫上树蜕皮。

（4）7～8月。在成虫盛期可喷洒20%氰戊菊酯乳油2 000～3 000倍液等菊酯类药剂杀灭成虫，或在夜晚利用成虫的趋光性来诱集捕捉成虫。

七、柑橘潜叶蛾

1.发生规律 浙江一年发生9～10代。在黄岩尚未发现越冬。成虫产卵于0.5～2.5厘米长嫩叶背面的主脉两侧，幼虫孵化后潜入叶片表皮下蛀食叶肉（图10-26）。将化蛹的老熟幼虫潜至叶片边缘，将叶卷起，裹住虫体化蛹。田间5月可见到为害，但以7～9月夏、秋梢抽发期发生最烈。苗木和幼树因抽梢多且不整齐而受害重。

2.防治方法

（1）冬季或早春。剪除有越冬幼虫或蛹的晚秋梢并烧毁。

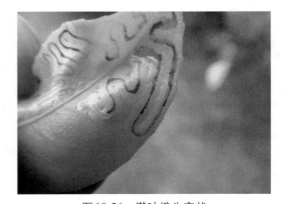

图10-26 潜叶蛾为害状

（2）新梢抽发期。新梢大量抽发期，嫩叶0.5～1厘米时，进行喷药防治。9月以后的晚秋梢不必进行药剂防治，待冬季或早春剪除。可选药剂有1.8%阿维菌素乳油2 500倍液、3%啶虫脒乳油1 500倍液、20%除虫脲乳油2 000倍液、5%灭幼脲乳油1 500倍液、50%氟啶虫胺腈水分散粒剂（可立施）4 000～5 000倍液或拟除虫菊酯类农药2 000～6 000倍液等。

（3）其他防治措施。统一放梢，抹除夏梢和零星早秋梢，特别是中心虫株要人工摘夏梢和早秋梢。

八、凤蝶

1.发生规律

柑橘凤蝶（图10-27）：浙江一年发生3～4代，浙江黄岩各代成虫发生期分别为5～6月、7～8月、9～10月，以第三代蛹越冬。成虫白天活动，卵散产于嫩芽上和叶背，卵期约7天。幼虫孵化后先食卵壳，然后食害芽和嫩叶及成叶，共5龄，老熟后多在隐蔽的枝条等处吐丝化蛹。

玉带凤蝶（图10-28）：在浙江等地一年发生4～5代，以蛹附着在柑橘和其他寄主植物的枝叶及叶背等隐蔽处越冬。在浙江黄岩地区，各代幼虫的发生期分别为5月中旬至6月上旬、6月下旬至7月上旬、7月下旬至8月上旬、8月下旬至9月中旬、9月下旬至10月上旬。

达摩凤蝶（图10-29）：在广东省成虫于11月中旬产卵于柑橘嫩芽上，经7天孵化。幼虫先食柑橘嫩叶，虫体渐长，食量增大，转食老叶。幼虫期26～30天，老熟幼虫于11月下旬在枝间化蛹，蛹期25～45天，至翌年1月中旬羽化为成虫。第二代幼虫，大多3月发现。

图10-27 柑橘凤蝶

图10-28 玉带凤蝶

图10-29 达摩凤蝶

2. 防治方法

（1）冬季。冬季结合清园，清除越冬虫蛹。

（2）各新梢期。在各次抽梢期，结合橘园和苗圃管理工作，捕杀卵、幼虫和蛹，或网捕成虫。

（3）化学防治。根据实际发生情况并结合其他害虫的防治进行挑治，药剂有Bt制剂（300亿孢子/克）1 000倍液、10%吡虫啉乳油3 000倍液、25%除虫脲可湿性粉剂1 500～2 000倍液、10%氟氯氰菊酯乳油2 000～4 000倍液等。

（4）保护和利用天敌。保护和利用赤眼蜂和凤蝶金小蜂等天敌。

九、夜蛾

1. 发生规律

嘴壶夜蛾：在浙江黄岩一年发生4代，以蛹和老熟幼虫越冬。幼虫全年可见，但以9～10月发生量较多。成虫略具假死性，对光和芳香味有显著趋性。浙江黄岩自8月下旬开始为害柑橘果实，高峰期基本上都在10月上旬至11月下旬，以后随着温度的下降和果实的采摘，为害减少和终止。

鸟嘴壶夜蛾（图10-30）：一年发生4代，在浙江黄岩地区以幼虫和成虫越冬。卵多散产于果园附近背风向阳处木防己的上部叶片或嫩茎上，木防己是已知幼虫的唯一寄主。幼虫白天多静伏于木防己叶下或周围杂草和石缝中，夜间取食。老熟时在木防己基部或附近杂草丛中化蛹。成虫在天黑后飞入果园为害，喜食好果。

枯叶夜蛾（图10-31）：在浙江黄岩地区一年发生2～3代，以成虫越冬。田间3～11月均可发现成虫，但以秋季较多。幼虫发生较多的时间为6月上旬、8月和9月上旬。成虫略具假死性，白天潜伏，天黑后飞入果园为害果实。

桥夜蛾（图10-32）：在浙江黄岩地区一年发生6代，以幼虫和蛹越冬。各代卵发生高峰期分别为4月上旬、5月中旬、6月下旬、7月中旬、8月下旬和9月中旬。

图 10-30　鸟嘴壶夜蛾

图 10-31　枯叶夜蛾

图 10-32　桥夜蛾

2. 防治方法

（1）5～6月。铲除柑橘园内及周围1千米范围内的木防己和汉防己等寄主植物。

（2）7月前后。在7月前后大量繁殖赤眼蜂，在柑橘园周围释放，寄生吸果夜蛾卵粒。

（3）8月中旬至9月上旬。早熟薄皮品种在8月中旬至9月上旬用纸袋包果。

（4）化学防治。喷25%除虫脲可湿性粉剂1 500～2 000倍液、25克/升高效氟氯氰菊酯乳油2 000倍液等拟除虫菊酯类农药，隔15～25天喷1次，采收前25天须停用。

（5）其他防治措施。合理规划果园，山区、半山区地区发展柑橘时应成片种植，并尽量避免混栽不同成熟期的品种或多种果树；可安装黑光灯、高压汞灯或频振式杀虫灯诱杀。

十、天牛

1. 发生规律

褐天牛（图10-33）：两年发生1代，以幼虫或成虫在树干内越冬。7月前孵化的幼虫，在翌年8月上旬至10上旬化蛹，10月上旬至11月上旬羽化为成虫，直到第三年4月下旬才出洞。8月以后孵化出来的幼虫，要到第三年5～6月化蛹，8月后才出洞。田间在4～8月均有成虫出洞，4月底到5月初为盛期。卵多产在树体裂缝内或树皮凹陷处，距地面30厘米至300厘米范围，以主干附近的分杈处最多。初孵化幼虫先在卵壳附近皮层下横向蛀食，开始蛀入皮层时，有泡沫状物流出。

星天牛（图10-34）：黄岩一年发生1代，以幼虫在树干或根部越冬。4月下旬至5月上旬出现成虫，5～6月为羽化盛期。卵多产在距地面5厘米以内的树干基部，少数可达30～60厘米。产卵处有雌虫预先咬成的T形或半T形裂口，皮层稍隆起，表面较湿润，有泡沫流出。幼虫孵化后蛀入皮层，逐渐向下，当达到地平线以下时即绕主干周围迂回蛀食，对树干输导组织破坏较大。幼虫在皮下蛀食2～4个月后，常在近地表处蛀入木质部为害，形成10～15厘米长的虫道，虫道上部5～6厘米为蛹室。幼虫于11～12月进入越冬状态。

2. 防治方法

采取一抓、二管、三敲、四钩并用的综合防控技术。

（1）抓捕成虫。6～8月成虫盛发期捕捉成虫，星天牛在晴天中午树干基部和树枝间捕杀。

（2）加强果园管理。增强树势，保持树干光滑。剪除枯枝时，要剪平伤口，涂上保护剂。清除死树，减少虫源和成虫产卵。

（3）敲击卵块和初孵幼虫。6～8月击杀主干和枝干上的卵块和初孵幼虫。

图10-33 褐天牛

图10-34 星天牛

（4）钩杀幼虫。5月发现有虫粪排出时钩杀幼虫；6～8月刮杀主干和枝干上的卵块、初孵幼虫；8～10月钩杀幼虫。

十一、柑橘灰象虫

1.发生规律　一年发生1代，以成虫（图10-35）和幼虫在土壤中越冬。翌年3月底至4月中旬出土，4月中旬至5月上旬是为害高峰期，5～7月为产卵盛期。幼虫孵出后，即掉落地面，钻入10～50厘米深的土中，取食植物幼根和腐殖质。幼虫多为6龄，7月中旬以前孵出的幼虫，当年化蛹羽化，7月以后孵出的以幼虫越冬。假死性强。

图10-35　柑橘灰象虫

2.防治方法

（1）人工捕杀。成虫出土高峰期，利用其假死性，震动树枝，下铺塑料薄膜承接后集中消灭。

（2）用胶粘杀。用桐油加火熬制成牛胶糊状，涂在树干基部，宽约10厘米，灰象虫上树时即被粘住。

（3）化学防治。成虫出土期，用15%毒死蜱颗粒剂每667米^{2}5千克拌土撒施。成虫上树为害时用2.5%溴氰菊酯乳油或20%氰戊菊酯乳油3 000倍液或40.7%毒死蜱乳油1 500倍液喷洒树冠。注意喷湿树冠下地面，杀死坠地的假死灰象虫。

十二、恶性叶甲

1.发生规律　浙江黄岩一年发生3代，各代幼虫的发生期分别为4月下旬至5月中旬、7月下旬至8月上旬和9月中下旬。以第一代幼虫为害春梢最为严重（图10-36）。成虫散居，活动性不强，有假死性。幼虫喜群居，孵化后先在叶背取食叶肉，留存表皮，后连表皮食去，造成叶片呈不规则缺刻和孔洞。幼虫老熟后沿枝干爬下，在地衣、苔藓、枯死枝干树洞及土中化蛹。蛹分布在距主干0.5米、深1厘米左右土壤范围内。

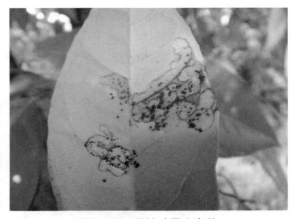

图10-36　恶性叶甲为害状

2.防治方法

（1）清除越冬场所。用松碱合剂灭杀地衣和苔藓，清除枯枝、枯叶。

（2）诱杀虫蛹。在幼虫老熟开始化蛹时用带有泥土的稻根放置在树杈处，或在树干上捆扎涂有泥土的稻草，诱集化蛹，在羽化前烧毁。

（3）化学防治。在初孵幼虫盛期（第一代为主）喷药防治。药剂有40.7%毒死蜱乳油1 200倍液或拟除虫菊酯类农药1 500 ～ 2 500倍液等。

十三、柑橘花蕾蛆

1. 发生规律　柑橘花蕾蛆一年发生1代，部分地区2代，以幼虫在树冠下3 ～ 6厘米深土壤中越冬。3月中、下旬化蛹，3月下旬至4月上、中旬为成虫出土盛期，成虫寿命一般仅1 ～ 2天。4月中下旬，幼虫开始爬出花蕾入土休眠，直到第二年化蛹。成虫产卵在花丝及子房周围，常数粒至数十粒成堆排列（图10-37）。成虫羽化期阴雨天气多，当年发生量就大。一般平原比山地、阴湿低洼地比干燥地发生较多。

图10-37　花蕾蛆为害状

2. 防治方法

（1）农业防治。结合冬季耕翻或春季浅耕橘园，压低翌年虫口基数；花期及时摘除被害花蕾，集中杀死幼虫或烧毁。

（2）化学防治。花蕾露白时喷树冠和地面同时进行；花蕾中后期主要喷树冠。药剂选用75%灭蝇胺5 000倍液、40%毒死蜱乳油2 000倍液、2.5%氟氯氰菊酯乳油3 000 ～ 5 000倍液和20%氰戊菊酯乳油2 500 ～ 3 000倍液等。

十四、柑橘小实蝇

1. 发生规律　柑橘小实蝇一年发生3 ～ 5代，在有明显冬季的地区，以蛹越冬，而在冬季较暖和的地区则无严格越冬过程，冬季也有活动。广东地区全年有成虫出现，5 ～ 10月发生量大。成虫（图10-38）羽化后需要经历较长时间（夏季10 ～ 20天，秋季25 ～ 30天）的补充营养才能产卵，卵产于果实的囊瓣与果皮之间，喜在成熟的果实上产卵。幼虫（图10-39）孵化后即在果实中取食为害，幼虫老熟时穿孔而出，入疏松表土化蛹。

图10-38　柑橘小实蝇

图10-39　柑橘小实蝇幼虫

2. 防治方法

（1）严格检疫。严防幼虫随果实或蛹随土壤传播。一旦发现，可用熏蒸杀虫。

（2）冬耕灭蛹。结合冬季翻耕，消灭虫蛹，压低翌年虫口基数。

（3）摘除虫害果。随时捡拾虫害落果，摘除树上的虫害果一并烧毁或沤浸。

（4）诱杀成虫。在90%敌百虫1 000倍液中，加3%红糖制得毒饵喷洒树冠浓密荫蔽处，隔5天喷1次，连续3～4次。或将90%敌百虫与甲基丁香酚混合制成诱芯，设置诱捕器，在成虫发生期诱捕小实蝇雄虫。

（5）化学防治。于实蝇幼虫入土化蛹或成虫羽化的始盛期用3%毒死蜱颗粒剂撒施，每667米^{2}3～4千克。在成虫羽化出土盛期至上果产卵时，将拟除虫菊酯类农药与3%红糖液混合后喷施树冠，每隔5～10天喷1次，连喷3～4次。

（6）生物防治。通过在田间释放不育实蝇、寄生蜂等防治柑橘小实蝇。

（鹿连明　蒲占胥　黄茜斌　陈国庆）

第十一章
灾害预防

第一节　冻害预防

柑橘是亚热带常绿果树，对冬季低温较为敏感。当温度降至柑橘忍耐的限度以下时，就会发生冻害，轻则落叶枯梢，重则损伤枝干，甚至整株死亡。黄岩地处亚热带中部，入冬以后由于北方冷空气频繁南下，常引起剧烈的降温，可使橘树遭受不同程度的冻害。据记载：清嘉庆元年（1796年）"正月大雪如油，士人谓之油雪，橘、麦苗多死。"这是雪上加冰的严寒天气致使橘树冻死的记录。1949年后，曾多次遭受严重的冻害，柑橘生产损失重大。如1954年12月至1955年1月，冻害严重，冻害后树脂病盛发，致使毁灭橘树108.1公顷；1967年11月至1968年2月的冻害，橘树被冻死达68公顷；此后的1976年12月至1977年2月、1980年1月至1980年2月、1991年12月至1992年1月、2008年1月、2010年3月、2016年1月等多次发生较严重的冻害（图11-1）。

图11-1　柑橘冻害

一、防冻措施

1. **适地适栽** 选择良好的地形地势，合理规划，高标准建园，营造防护林带。注意选用耐寒的品种和耐寒的砧木。

2. **加强肥培管理** 适时采果，采果前后对橘园进行深翻改土，增施肥料，以有机肥为主，配合适当的磷、钾及少量微肥，有利于培育健壮的树势，提高橘树抗冻能力。

3. **控制晚秋梢** 9月中下旬至10月抽发的晚秋梢，枝叶生长发育不充分，易受冻害。因此对生长旺盛的成年树和幼年树，要做好秋梢管理，控制晚秋梢的发生，有利于提高抗冬性。

4. **树体防护** 采用石灰水涂白枝干，稻草包裹树干，培土覆盖根颈，遮阳网覆盖树冠或地面覆膜等方法来防止树体和根系受冻，幼年树可采用整株包裹，苗圃可采用搭棚防冻。

5. **保湿增温** 在寒潮来临前，树盘灌水保湿；树冠喷微补果力400倍液，或0.3%硫酸锌，或0.3%尿素加0.2%磷酸二氢钾等叶面肥增湿，或喷布抑蒸保温剂，增强树体抵抗力。

6. **熏烟驱霜** 根据天气预报，在寒潮来临时，在果园四周用柴禾、枯枝、落叶、杂草、锯木屑等进行熏烟增温，每667米²3~5堆。

7. **加热增温** 采用大棚延后栽培而没有采完果实的大棚橘园，可采用双膜覆盖提高棚内温度。在寒潮来临时，可棚内采用电热器、煤炉等进行加热。

二、冻后护理措施

1. **及时摘除受冻卷曲干枯挂树叶片** 叶片受冻后，挂在枝梢上不脱落。由于枯叶仍在继续消耗水分和养分，会扩大受冻，所以应及时摘除，防止枝梢失水枯死。

2. **中耕培土和施肥** 解冻之后及时在树冠下松土，开沟排水，改良土壤通气条件，提高土温，促发新根。施肥上要早施、薄施，2~3月以施速效氮肥为主。对冻前长期干旱，未灌水的橘园，应及时灌溉，恢复根系与枝干细胞生理功能。以及喷施叶面肥促进树势恢复。

3. **根据冻害程度进行修剪** 轻冻树：剪去受冻枝梢，掌握轻剪多留叶的原则。一年生枝如无叶可短截至二年生处，有叶枝暂不修剪，尽量保留绿色枝叶。中冻树：待气温回升，受冻枝生死界限明显时，可在萌芽处进行更新修剪。修剪程度因树而宜，修剪分次进行，先轻后重，确定锯剪部位要从全树整形着眼，以利培养丰产形新树冠。重冻树：修剪推迟到主干萌芽，确定生死交界线之后，再进行更新修剪，在枝干健部处剪除受冻干枯枝，修剪后要进行伤口保护，枝干涂白，防止日灼。

4. **加强病虫害防治** 受冻害的橘树，树势衰弱，易发生树脂病等。此外，柑橘受冻修剪后会萌发大量枝梢嫩叶，要注意防治病虫害，应及时喷洒药剂。

第二节 台风和涝害防御

夏秋季节，黄岩几乎每年会有热带风暴或台风的袭击，或受边缘影响，带来狂风暴雨，如近期危害严重的台风有1997年的"温泥"台风、1987年的"韦帕"台风、2004年的"云娜"台风、2005年的"麦莎"台风等，台风常常造成柑橘树折断枝梢、撕碎叶片、擦伤果皮、击伤甚至击落果实，对柑橘造成严重危害（图11-2）；暴雨引起土壤与肥料流失，甚至使橘园淹水，造成涝害。此外，台风过后还会引发溃疡病和炭疽病等。

图11-2　柑橘台风害

一、预防措施

1.建园时选择避风的园地，平地和海涂橘园要建立防风林带，减轻台风造成的伤害。平地和海涂等易受涝橘园要筑高畦种植。

2.通过修剪等措施使树冠矮化、紧凑，提高树体自身的抗风能力。

3.台风来临前加固树体和枝干，减少大风对树体摇动带来的损伤。

4.加固江堤，完善橘园建设中的排灌设施建设，保持排水顺畅，尽量避免水淹涝害的发生。

二、灾后补救措施

1.**开沟排水，清理橘园**　橘园受到水淹的，应及时开沟疏渠，迅速排出园内积水，减少根系损害；对树冠受淹后有污物的，要清理树冠，并及时用水清洗树冠枝叶；对畦面有泥浆沉积的，要用淡水冲淋畦面。

2.**扶正树体，整理树冠**　被台风刮倒或洪水冲倒的橘树，尽快扶正树体，并立支架固定，做好培土护根；根部受损严重的，要疏去部分树梢和叶片，减少水分蒸发，防止橘树死亡。

3.**适度修剪**　对受淹严重，淹水时间长的橘园，进行适度修剪，减少树体的消耗；对结果多的橘树，可疏去部分或全部果实。对受台风影响严重，有树枝刮裂、刮断的，及时将断裂的枝梢剪除，并在伤口涂保护剂，外露的大枝干用1∶10石灰水涂白，并用稻草包扎。

4.松土 橘园受水淹后易造成土壤板结，引起根系缺氧，在表土基本干燥时，及时松土，增加土壤通透性。

5.根外追肥，补充营养 受灾后，橘树根系受损，吸收肥水能力减弱，不能满足地上部的正常生长，通过根外追肥，能达到补充营养和水分，促进生长的效果。叶面肥可选用0.1%～0.2%的磷酸二氢钾加0.2%的尿素或营养性叶面肥进行根外追肥，隔5～7天喷1次，连喷2～3次，避免在中午高温期间喷布。

6.病虫防治 台风涝害后易诱发各种病虫害，特别是病害的发生。受灾橘园要进行一次全面防治，重点防治炭疽病、黑点病、溃疡病等。药剂可选用代森锰锌、甲基硫菌灵、多菌灵、百菌清等。同时对水淹后引起的落果要及时清理，减少病源。

第三节　高温干旱防御

橘树旱害主要原因是天气晴热高温，园地水分大量蒸发，土壤持水率显著降低，橘树生理失水严重，导致树体内水分养分运转失去平衡所至。柑橘遭受干旱时，会出现叶片萎蔫，果实发育停止，严重时甚至落叶落果。冬旱则会降低树体抗寒性，加重冻害。

防高温干旱措施

1.加强橘园基础设施建设与管理 建园时完善水利排灌设施建设，有条件的果园建立果园肥水滴灌系统。加强橘园管理，增施有机肥，改善土壤的物理性，提高土壤的保水能力。

2.园地松土覆土 园地土壤板结易导致地下水上升蒸发，地面松土可切断土壤毛细管，控制土壤地下水分上升，有降雨时要雨后及时松土，不易松土的土壤板结地块采取挖畦沟取土覆盖于畦面，通过松土覆土减缓橘园地下水分的蒸发。

3.节水灌溉 连续旱晴10～15天以上，要进行灌溉，促使果实正常发育。平地和水源充足的橘园，采用园沟灌水；山地或水源紧缺的橘园，可采用浇灌。建立肥水滴灌系统的果园，进行滴灌，是目前较为科学的节水模式。此外，选用树冠喷水，每隔3～5天在傍晚喷清水（或低浓度叶面肥）来缓解旱情。

4.树盘覆盖 实施生草栽培，生物覆盖园地，有利于提高保水抗旱能力。在梅雨季节结束后即进行树盘覆盖，厚度10～20厘米，可充分利用地面杂草，或秸秆等覆盖物，降低土壤温度，减少土壤水分蒸发。

5.防日灼 裸露的树干及大枝用石灰水涂白，或覆盖遮阳网、稻草等，树冠顶部的果实采用套袋或粘纸，防止日灼。

（龚洁强　石学根）

第十二章
采后及商品化处理

第一节 采 收

一、采收时期

一般供贮藏用的柑橘应在九成熟，果皮转色面积达2/3时采收。短期贮藏或直接上市的柑橘应待全面着色，且固酸比达到各品种应有的要求时采收，如早熟温州蜜柑、本地早等品种宜进行完熟采收。

黄岩主栽柑橘品种采收内质标准如表12-1所示，供参考。

表12-1 黄岩主栽柑橘品种采收内质标准

	本地早	早熟温州蜜柑	中、晚熟温州蜜柑	椪柑	槾橘	早橘
可溶性固形物含量（%，≥）	10.5	10.5	11.0	11.0	11.0	10.0
总酸含量（%，≤）	0.8	0.5	0.7	1.0	1.0	0.6

采收期确定以后还应根据当时具体的天气状况做出相应调整。如遇大风大雨天气，则应在风雨结束后顺延两日采收，可以使风雨造成的果面损伤得以自然愈合。早晨露水未干，或浓雾未散均不适宜采收。

二、采收方法

（一）采收准备

1. 橘园 采收前15天内，应停止灌水。

2. 工具 橘剪（图12-1）必须圆头平口，刀口锋利。橘梯（图12-2）采用双面"人"字形梯，既可以调节高度，又不致将梯靠在树干上损伤枝叶。橘篓（图12-3）是采果时随身

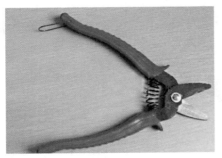

图12-1　圆头橘剪

图12-2　橘　梯

图12-3　橘　篓

携带的盛果容器，要求轻便牢固，装量以5千克左右为宜，橘篓和橘筐都要内垫衬纸，以免损伤果实。

3.人员　应剪平指甲，戴上手套，以免采收时在果面留下指甲伤。

（二）采收要求

采收时遵照从下到上，由外向内的采收原则。采收姿势要求用一手平托橘果，一手握剪（图12-4），不可拉枝拉果，注意轻拿轻放。

图12-4　柑橘采收姿势

严格采用"一果二剪"法：第一剪剪在离果蒂1厘米左右处，第二剪把果柄剪至与果肩相平（图12-5）。

图12-5 "一果二剪"法

伤果、落地果、泥浆果、病虫果、畸形果、烂果必须随即挑出，另外放置，不得留在橘园内。橘枝等杂物不要混在橘筐中，以免刺伤果实。

采下的柑橘不可随地堆放，避免日晒雨淋。

黄岩柑橘"采果十大注意"：

1.采收用的橘箩、橘篮要垫上纸或布；旧箩或旧篮要事先修补、清洗、晾干、垫好，避免摩擦果实。

2.采前应修剪指甲，以免刺伤果实。

3.霜、露、雨水未干不采收，大风、大雨后应隔2天后采收。

4.采收时随带梯凳，严禁攀枝拉果，防止揭蒂伤果。

5.选黄留青，分批采摘。

6.橘蒂要剪平，严防剪刀伤。

7.橘枝、杂物不要混入橘果中，以免刺伤果实。

8.伤果、落地果、粘泥果及病虫果，须另放，内、外销果及加工果在园内分开存放。

9.采下橘果切勿倒地堆放，不要日晒雨淋。

10.轻拿轻放，不可倾倒，要浅装轻挑，防止碰压。

第二节 贮 运

一、贮藏期主要病害及常用保鲜剂

（一）贮藏期主要病害

果实贮藏期的病害可分为微生物型病害和生理性病害两类。

1.微生物型病害 微生物型病害有青霉病、绿霉病、黑腐病、黑色蒂腐病、褐色蒂腐病、褐腐病、酸腐病、干腐病、炭疽病等。

2.生理性病害 生理性病害有褐斑病、枯水病、水肿病等。

柑橘贮藏期病害的种类，常因柑橘品种、贮藏条件、贮藏时期的变化而变化。一般情况下，宽皮柑橘以青、绿霉病和黑腐病为主，甜橙类以青、绿霉病为主，低温贮藏以生理病害为主，贮藏前期以青、绿霉病为主，后期以黑腐病、蒂腐病和炭疽病为主。

（二）常用保鲜剂

柑橘保鲜剂，是指通过浸果处理后，在橘果表面形成一层薄膜，从而调节橘果气体交换条件而改变其生理状况或调节橘果内源激素水平，降低橘果呼吸作用，延缓橘果衰老的一类制剂（表12-2）。

表12-2　部分常用柑橘保鲜剂（膜剂）简介

名称	成分及用量
SG柑橘保鲜剂	以蔗糖脂肪酸酯（SE-02）为主，配以糖和油脂的膜制剂，用水冲调均匀，配成50倍稀释液浸果
松竹牌水果保鲜剂	以有机高分子化合物为主要原料的成膜剂，原剂加5倍水浸果2～3分钟
CF柑橘保鲜剂	以松脂为主料的成膜剂，原液稀释10倍，洗果
森泊尔保鲜剂	以蔗糖脂肪酸酯为主料，使用浓度为2%
SM液态膜	以生物天然高分子为主成分，20倍液洗果
京2B系列膜	以高分子有机成膜化合物为主，使用浓度15～30倍清水稀释

二、预贮

采收后的果实，由于带有田间热且呼吸作用比较旺盛，如采摘后立即入库，会使库温很快升高，同时造成湿度过大，影响贮藏效果。因此，在橘果经保鲜处理后，必须进行预贮。

1. 预贮的作用

（1）降温除湿。预贮可以散发田间热，降低果实温度，减弱呼吸作用，同时可以蒸发部分水分。

（2）愈合伤口。经过预贮，采收中受伤的果实，小伤可以愈合，大伤可以表现出来，可及时剔去。

（3）软化果实。预贮后的果实，果皮水分减少，使得果皮软化而富有弹性，这样就可以减少贮藏过程中的碰撞伤。

（4）减少枯水。实践证明，经预贮后的果实，贮藏后期的枯水率大大减少，因此，预贮对易枯水的宽皮橘类尤为重要。

（5）促进着色。高温预贮使采后的果实继续进行与挂树时相同的着色过程，20℃的高温预贮能促进温州蜜柑玉米黄质色素的增加，15℃左右的高温预贮能明显促进杂柑类果皮的增红。

2. 预贮的种类

（1）常温预贮。常温预贮是指将果实先置于常温预贮库中作短期贮藏，库房要求通风良好，干燥凉爽，打扫干净并经药物消毒。将贮果箱或果筐呈"品"字形堆码，一般堆2～3层。库房内相对湿度保持80%以下，库房温度要低于室外温度。如温湿度达不到要求，应采取人工强制性降温措施。

（2）高温预贮。高温预贮是指将果实在15～20℃的条件下进行贮藏，库房必须有加热装置，温度控制根据品种有所不同，温州蜜柑可用20℃，杂柑类可在15℃左右，堆码方式与常温预贮相同。在采收前已浮皮的果实不应进行高温预贮，否则会加剧浮皮。

3. 预贮度标准

（1）手捏法。预贮几天后，用手轻捏果实，手感果实稍软且富有弹性时即可结束贮藏。

（2）失重检测。一般宽皮橘类失重4%～5%、甜橙类失重3%～4%时，便可结束预贮藏。

（3）预贮天数。宽皮橘类为5～7天，甜橙类为3～4天。

三、贮藏

黄岩柑橘的贮藏品种主要以温州蜜柑、椪柑等中熟品种（11～12月成熟）为主，近年来，主要的柑橘贮藏方式有通风库贮藏、冷库贮藏、民间简易贮藏及留树贮藏，企业或合作社以通风库贮藏或冷库贮藏为主，橘农一般采用民间简易贮藏或留树贮藏。

1. 留树贮藏　所谓留树贮藏，指在柑橘将要成熟时，对橘树喷施植物生长调节剂如九二〇等，使果梗基部不产生离层，能在树上保持较长时间不致脱落，达到留树保鲜，延期采收的目的。留树果实色泽变红，糖度提高，含酸量减退，风味变浓。留树贮藏的果实，品质虽有改善，但采后贮藏期不长，温州蜜柑留树贮藏，易发生浮皮现象。

2. 冷藏　贮藏的鲜果装入贮藏箱内，放在冷藏库内进行贮藏。冷库保持库温：宽皮柑橘类为3～5℃，甜橙类为5～8℃，柚类为8～10℃。相对湿度：宽皮橘类为（85±5）%，甜橙类（90±5）%，并能换气。贮藏量根据库房大小、堆垛方法而定。

3. 简易房贮藏　选用普通的民房经消毒后作为库房，根据不同的贮藏方式又可分为散堆法、沙藏法、松针法等。常用的散堆法具体操作如下：橘果采收后马上进行防腐保鲜处理，预贮3～5天。先在地上铺设一层稻草或塑料薄膜，然后轻轻倒上一层橘果，20～30厘米高，不要超过40厘米，最后在上面再覆上一层塑料薄膜，定期翻动检查，拣出腐烂果，也有助于驱散呼吸作用产生的热度。平时应注意关闭门、窗，避免室外风直吹造成失水过度。

4. 通风库贮藏　通风库主要利用昼夜温差与室内外温差，通过开关通风窗，靠自然通风换气的方法导入外界自然冷源，调节库内温度。

（1）建立库房。库房宜建在地势较高，交通方便，四周没有污染源的地方。在冬季气温较高的地方，库房以东西走向为宜，冬季气温低于0℃的地区，库房以南北走向为佳。为了便于温湿度控制，每间库房不宜过大，以贮10吨橘子左右为宜。为了防止库房气温急剧变化，库墙应设置隔热层。同时，库房还应设置地下通风道、屋檐通风窗、墙脚通风窗及屋顶抽风道，在各通风口均应设置铁丝网，以防鼠类进入。

（2）贮藏管理。库房要门窗遮光，保持室内温度5～20℃，以5～10℃为最适宜，相对湿度85%～90%，昼夜温差变化尽量要小。

贮藏初期，库房内易出现高温高湿，当外界气温低于库房内温度时，敞开所有通风口，开动排风机械，加速库房内气体交换，降低库房内的温湿度。

当气温低于4℃时，关闭门窗，加强室内防寒保暖，实行午间通风换气。

贮藏后期，当外界气温升至20℃以上时，白天应紧闭通风口，实行早晚通风换气。

当库房内相对湿度降到80%以下时，应加盖塑料薄膜保湿，同时可在地面洒水或盆中放水等方法，提高空气湿度。

定期检查果实腐烂情况，烂果要挑出处理，若腐烂不多，尽量不要翻动果实。

第三节　商品化处理

柑橘果实商品化处理，是指柑橘果实采后（或贮藏后）的清洗、表面处理、分级、贴标及包装等系列行为。目前已有从澳大利亚、意大利、美国等国家进口的清洗、分级、打蜡流水线在国内使用多年，同时，我国自主研发的国产品牌也逐步得以应用。

一、流程

柑橘果实商品化处理流程如图12-6所示。

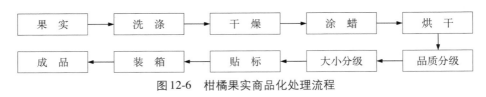

图12-6　柑橘果实商品化处理流程

1.洗涤　将果实传送到漂洗水箱，用循环水流动漂洗，漂洗后的果实上传送带，涂上清洁剂，用毛刷刷洗，再用清水喷淋，获得清洁果实。

2.打蜡抛光　洗涤后的果实吹风干燥，传送到打蜡带，涂上蜡液（蜡液中可加入适量的防腐剂和食品级着色剂），经打蜡毛刷抛光。目前市场上常用的打蜡剂有：日本的KF-800、美国的402果亮、国内的绿色南方果蜡和浙江省柑橘研究所的CCF果蜡。使用量为处理每吨果1千克左右。

3.烘干　打蜡过的果实在50～60℃热空气箱内烘干蜡液，果实表面便形成了光洁透亮的蜡膜。

4.分级　柑橘果实的分级由内在品质和果形大小两部分组成，每个柑橘产地都有自己的地方标准。浙江省台州市的5个地方主栽品种的分级标准分别是：本地早为二等三级；温岭高橙为二等四级；温州蜜柑、玉环柚、脐橙为二等五级。

（1）温州蜜柑分级标准。见表12-3、表12-4。

表12-3　温州蜜柑品质等别

项目	等　别	
	一等	二等
果形	果形端正，扁圆形或高扁圆形	
色泽	深橙色或橙色，着色部分应大于果面总面积的90%	深橙色，采收时允许有浅黄绿色，其着色部分应大于果面总面积的80%

（续）

项目	等 别	
	一等	二等
果面	果面光洁，不得有机械伤和深疤。日灼病、病虫斑、药迹等一切附着物合并计算，其面积不得超过果面总面积的5%	果面光洁，不得有机械伤和深疤。日灼病、病虫斑、烟煤病污染物、药迹等一切附着物合并计算，其面积不得超过果面总面积的7%
可溶性固形物含量（%）	≥11.0	≥10.0
可食率（%）	≥70.0	

表12-4 温州蜜柑大小等级

项目	级 别				
	2L	L	M	S	2S
横径（毫米）	80～73	72～67	66～61	60～56	55～50

（2）本地早分级标准。见表12-5、表12-6。

表12-5 本地早品质等别

项目	等 别	
	一等	二等
果形	果形端正，扁圆形或高扁圆形	
色泽	完全着色，深橙黄色	完全着色，橙黄色
果面	果面光洁，不得有机械伤和深疤。日灼病、病虫斑、药迹等一切附着物合并计算，其面积不得超过果面总面积的10%	果面光洁，不得有机械伤和深疤。日灼病、病虫斑、药迹等一切附着物合并计算，其面积不得超过果面总面积的15%
可溶性固形物含量（%）	≥11.0	≥10.0
可食率（%）	≥70.0	

表12-6 本地早大小等级

项目	级 别		
	L	M	S
横径（毫米）	65～61	60～51	50～46

5.**贴标装箱** 将分级后的果实逐个贴上商标，按一定的个数自动装袋，形成小包装，然后装箱。纸箱要求清洁、干燥、质地轻而坚固、无异味、不吸水。包装箱外标签按GB 7718—2011之规定执行，应注明商标、品种、等级、装箱重、产地、产品标准号，还应以条码等方式标志生产地和生产者。包装箱上的图示标志符合GB/T191—2008之规定要求。

6.**运输** 不同型号包装箱分开装运。运输工具必须清洁、干燥。装卸时要轻拿轻放，堆放不能过高。交运手续力求简便、运输时严防日晒、雨淋，不得与有毒物品混装。冬季向寒冷的北方地区销售，应使用保温车运输。

二、柑橘分选机

柑橘分选机主要用于将柑橘果实按大小、重量和色泽及品质等进行分级。一般按大小分级的有分级筛和滚筒履带两种，因果实大小差异而通过不同孔径的筛孔或滚筒间隙，从而被分类送出。重量分级则在一定浓度的盐液中采用杠杆原理将不同重量的果实进行收集归类。以往色泽分级则主要依靠人的肉眼进行区分。

"分选1.0时代"的是机械式滚筒分级和杠杆式分级，"分选2.0时代"的是电子称重分选，目前在国内柑橘产区正在普及。"分选3.0时代"是指外部品质视觉识别分选技术，可完成颜色、果形、瑕疵、体积、表面积等水果表面特征的精细分选，保证每一箱水果外观一致性，广泛应用于柑橘、苹果、猕猴桃等多种水果。其中瑕疵分选是其中的核心技术。"分选4.0时代"是指内部品质无损检测技术，这是目前果蔬智能分选领域的领先技术，采用近红外线全透射检测原理，可以快速无损地测定柑橘果实内部的颜色、大小、形状、体积、密度、瑕疵、可溶性固形物含量、柠檬酸含量等复杂指标的精准分级（图12-7），未来还可扩展到更多的参数，如维生素C含量、β-隐黄质含量等功能性成分。

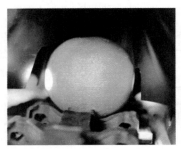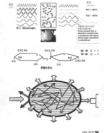

图12-7 全自动柑橘无损分选机（绿萌提供）

三、包装

黄岩柑橘包装箱曾采用无味、干燥的松木板刨光后钉成长61.6厘米、宽34.9厘米、高20～23.6厘米的长方形木箱，现已不多见，大多被塑料周转箱或装量5～10千克的彩印瓦楞纸箱所代替，而部分精品柑橘则采用独立泡沫箱包装，不仅能够最大程度保护果实减少运输损伤，也较好地适应了当前新鲜水果特产的网络销售要求。

（方修贵　曹雪丹　王允镔　赵　凯）

第十三章
加工及综合利用

第一节　加　工

　　黄岩的柑橘加工产业起步早、规模大，其中柑橘罐头加工在业界具有举足轻重的地位。我国第一座柑橘加工厂就肇始于黄岩，就当时而言，其不但扩大了柑橘包装远销，更为黄岩柑橘知名度的提升产生了巨大影响。其中1958年建厂的黄岩罐头食品厂，曾多次获农业部、轻工部的褒奖。进入20世纪80年代以后，黄岩以柑橘和其他水果为原料的果品加工业发展很快，全盛时期有160多家果品加工企业，能够生产40多个品种的加工品。但是随着黄岩柑橘栽培面积的减少以及受世界贸易规则和国际金融危机的影响，黄岩柑橘加工产业也正在经历着多重冲击。

一、橘瓣罐头

　　罐藏食品是通过在密闭空间形成无菌或商业无菌状态保存食品的一种方法，该类产品具有保质期长、食用方便、营养安全等特点。水果罐头是罐藏食品中重要的一类，其中柑橘罐头是水果罐头中最大宗的产品。始建于1958年的黄岩罐头食品厂是我国第一家柑橘罐头生产企业，该企业在21世纪初发展成为黄岩罐头集团，享有"世界第一罐"之称。台州一罐食品有限公司为原黄岩罐头集团一分厂，年产柑橘罐头3万吨，是目前世界单厂生产柑橘罐头规模最大的企业。

　　黄岩地区柑橘罐头加工企业以外销为主，主要出口欧美、日本等国家和地区，在改革开放初期为国家获取了大量建设急需的外汇；随着经济的发展，黄岩地区企业在扩大内需方面也取得了很好的业绩，设计开发的特色柑橘罐头、什锦柑橘罐头、带果汁柑橘罐头、软包装罐头等产品（图13-1），适合国内市

图13-1　黄岩柑橘类罐头产品（部分）

场需求，逐渐打开内销市场。

二、柑橘果汁及砂囊饮料

（一）柑橘果汁

1. **黄岩主要柑橘品种制汁物理性状**　柑橘品种制汁的物理性状主要是指出汁率、果皮率与种子含量，表13-1为7个黄岩主要柑橘品种的制汁物理性状汇总。

表13-1　7个柑橘品种制汁物理性状

品种	果实重量（千克）	果皮重量（千克）	种子重量（千克）	果渣重量（千克）	果汁重量（千克）	果皮率（%）	出汁率（%）
早橘	15	2.7	0.23	5.0	7.1	18.0	47.3
宫川温州蜜柑	15	2.9	0	3.3	8.9	19.3	59.3
本地早	15	3.1	0.24	3.8	8.0	20.7	53.3
山田温州蜜柑	15	3.8	0	3.0	8.2	25.3	54.7
尾张温州蜜柑	15	3.6	3颗	2.7	8.7	24.0	58.0
椪橘	15	3.7	0.14	2.8	8.4	24.7	56.0
桠柑	15	3.8	0.22	3.9	7.0	25.3	48.0

2. **黄岩主要柑橘品种制汁化学性状**

（1）可溶性固形物含量与含酸量。汁用柑橘品种可溶性固形物含量大于10%，含酸量0.85%～1.0%，固酸比值以10～20为宜。糖、酸含量过高或过低在加工时均需进行相应调整。

（2）维生素C的含量。维生素C是柑橘果汁的特征性营养成分，但维生素C含量过高，则易使果汁褐变现象趋于严重。

（3）苦味指数。苦味指数分为：极苦，较苦，微苦，不苦四级。极苦与较苦的品种不适宜于果汁加工。表13-2为7个柑橘品种的制汁化学性状汇总。

表13-2　7个柑橘品种制汁化学性状

品种	可溶性固形物（°Brix）	总酸（以柠檬酸计）（%）	固酸比值	每100克果汁维生素C（毫克）	苦味*
早橘	10.9	0.87	12.5	15.51	＋
宫川温州蜜柑	11.5	0.72	16.0	34.78	0
本地早	12.8	0.77	16.6	28.19	0
山田温州蜜柑	12.9	0.71	18.1	37.84	0
尾张温州蜜柑	12.0	0.82	14.6	24.64	0

（续）

品种	可溶性固形物 （°Brix）	总酸 （以柠檬酸计） （%）	固酸比值	每100克果汁维生素C （毫克）	苦味*
椴橘	11.3	1.02	11.1	31.32	＋＋＋
椪柑	13.5	1.15	11.7	24.64	＋＋＋

* 极苦：＋＋＋　较苦：＋＋　微苦：＋　不苦：0

3. 柑橘果汁生产工艺　当今世界柑橘汁的主流产品是浓缩橙汁和新兴的非浓缩还原橙汁（NFC）两大类。浓缩型橙汁是大型橙汁加工企业的一种主要产品形式，这种类型的浓缩橙汁既能够让消费者加水稀释饮用，也可以供下游的饮料生产厂家通过稀释、调配以后制造橙汁类饮料。同时冷藏浓缩橙汁具有易于保存、利于贮运的优点。而非浓缩柑橘果汁是将果实中压榨出来的原汁通过排气、灭菌等前处理工序，然后再直接进行无菌包装或无菌贮藏的原果汁。这种果汁具有风味物质和营养成分保留比较全面、销售和饮用非常方便、更加耐贮运等优点，但也有体积大、长途贮运成本高等不足之处。

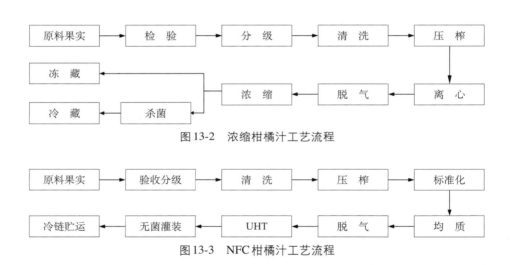

图13-2　浓缩柑橘汁工艺流程

图13-3　NFC柑橘汁工艺流程

浓缩柑橘汁和NFC柑橘果汁生产工艺流程如图13-2和图13-3所示。

（二）柑橘砂囊

柑橘砂囊饮料是含有柑橘砂囊的果汁饮料，按照砂囊在饮料中的状态，可分为悬浮型柑橘砂囊饮料和非悬浮型砂囊饮料。悬浮型柑橘砂囊饮料是指添加有悬浮胶体，砂囊均匀悬浮于汤汁的饮料（图13-4）。而非悬浮型饮料则无此特性。

1. 柑橘砂囊的原料选择　制作柑橘砂囊的原料，应符合以下4个标准：

（1）砂囊圆整，砂囊柄短，色素含量高。达到形状美观，色泽红润的要求。

（2）砂囊壁较厚，加工不易破碎；砂囊之间结合疏松，易分离。

（3）果味物质及橙皮苷含量少。

（4）口感柔软，纤维质少。

图13-4　黄岩柑橘饮料产品（部分）

2.砂囊半成品工艺流程　砂囊半成品工艺流程如图13-5所示。

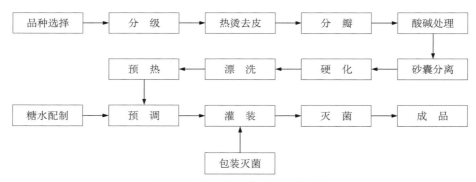

图13-5　柑橘砂囊半成品工艺流程

3.悬浮型砂囊饮料的生产技术　柑橘砂囊悬浮饮料成品生产工艺流程如图13-6所示。

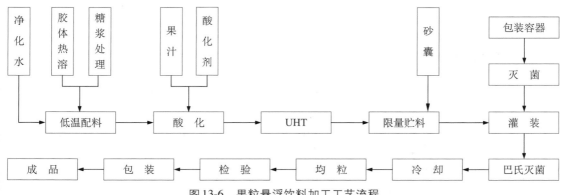

图13-6　果粒悬浮饮料加工工艺流程

三、柑橘发酵产品

（一）柑橘果酒

柑橘类水果用来加工柑橘酒的方法也各不相同，按照生产工艺可以将柑橘酒分为发酵酒、蒸馏酒及配制酒（露酒）三大类。通常柑橘果酒主要是指以新鲜的柑橘果实或果汁为原料进行全部或部分发酵酿制而成的、含有一定酒精度的发酵酒。黄岩屿头酿造厂曾以当地蜜橘为原料生产发酵型柑橘果酒（图13-7）。

1. **柑橘果酒生产工艺** 柑橘果酒（发酵酒）的生产工艺流程如图13-8所示。

2. **柑橘果酒醋酸菌病害的防治** 首先必须选择健康的、未被病菌感染的柑橘原料。酿造设备须洁净、卫生。严格控制发酵温度，最高不超过30℃。贮藏温度10～20℃。陈酿期间应做到满桶贮存，及时添满不得留有空隙，密封容器口。柑橘果酒酿造过程中添加适量的二氧化硫来抑制或杀死醋酸菌。

图13-7 黄岩屿头酿造厂生产的柑橘果酒

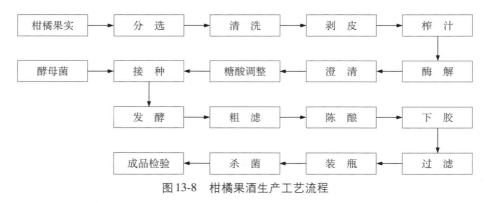

图13-8 柑橘果酒生产工艺流程

当发现醋酸菌感染时，唯一的治疗方法是采取加热杀菌，加热温度为68～72℃，保持15分钟。杀过菌后立即放入已杀过菌的贮酒罐中，并调整二氧化硫量为80～100毫克/升贮存。如果没有杀菌设备，可以采取加醇提高酒度达到18%（体积比）以上。

（二）柑橘果醋

柑橘果醋是以新鲜的柑橘果实为主要原料，取汁后经酒精发酵和醋酸发酵，再通过陈酿及调配而成。根据消费者的食用习惯，通常将柑橘果醋分为调味型和即饮型两大类。其中代替食醋用于烹饪和调味的柑橘果醋其酸度一般为3%～5%，做到酸味突出，滋味浓厚，方能解腥去膻。即饮型柑橘果醋属于发酵型果醋饮料，作为休闲饮品其调配后总酸通常在1%左右，一般不宜超过3%。浙江黄岩鼓屿酿造厂（现为黄岩文笔峰食品有限公司）曾以蜜橘为主要原料生产出柑橘果醋。柑橘果醋生产工艺流程如图13-9。

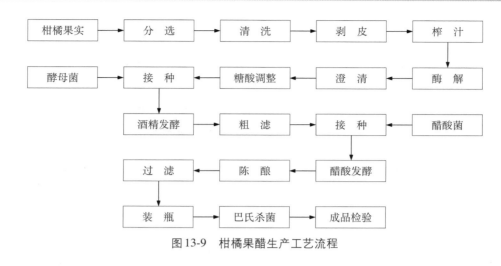

图13-9　柑橘果醋生产工艺流程

四、柑橘加工机械

柑橘罐头加工行业为劳动密集型行业，罐头生产中的剥皮、分瓣、分拣等工序需要大量的人工，随着我国人口老龄化程度不断加深，企业遭遇到前所未有的招工难问题。台州一罐食品有限公司等黄岩柑橘罐头加工企业与浙江省农业科学院合作，引入机器视觉、人工智能、嵌入式系统等先进技术开发柑橘罐头加工装备，有望提升劳动生产率，降低产业对人工的需求。

1. **柑橘剥皮设备**　柑橘罐头加工中剥皮工序需要大量的劳动力，国外的柑橘剥皮设备无论从剥皮效率还是破碎程度都不适合我国柑橘罐头生产需求，浙江省农业科学院智能装备团队经多年研究，开发出适合国产柑橘的剥皮设备。该设备主要分为划皮装置和剥皮装置两个部分，其中划皮装置为一组带弹性的倒齿状圆周排列刀架，经热烫后的柑橘掉落到刀架上，由推动板带动通过，在此过程中橘皮被划开并上翻。经过划皮装置后柑橘表面可形成3～4道外翻口子，有效提高柑橘剥皮效率；柑橘剥皮装置采用多组对转剥皮齿轮，可夹住外翻橘皮并顺势拉出，橘皮被卷入剥皮齿轮下方，橘肉则留在剥皮平台上。划皮装置产生的外翻口越多，橘皮被剥皮装置卷入的概率就越大。柑橘剥皮设备单台可实现1～1.5吨/小时的剥皮效率，在台州一罐食品有限公司应用，可减少75%的剥皮员工。

2. **柑橘分瓣设备**　人工柑橘分瓣采用弓形钢丝切片方式，不仅工作强度高，且分瓣需要一定的技巧，该工序员工缺口较大。国外的水冲式分瓣设备虽然产量大，但是破碎率较高，不适应国内生产需要。根据行业需求，智能装备团队研究开发柑橘分瓣设备。该设备模仿人工分瓣，利用机器视觉或力矩传感器辨认橘球天然分瓣线，采用运动控制系统将橘球分瓣线转动至切割位置，由旋转刀头进行定向切割。采用该装置对橘瓣进行定向切割，不损伤橘片，且可实现橘球的连续切割。

3. **柑橘罐头产线视觉缺陷检测设备**　柑橘罐头生产过程中，半成品和成品都需要通过多道检测，如脱囊衣橘瓣缺陷（碎片、带核、囊衣残留、病橘斑）挑选，罐头喷码缺陷（喷码遗漏、缺码、模糊）检测，软包装封口缺陷（封口线气泡、果肉镶嵌）检测。这些缺陷通常采用人工检测，不仅需要大量人工，而且由于人眼视觉疲劳等原因，常常会有部分缺陷产品遗漏。这类产品流入市场会给工厂造成较大的经济和信誉损失。机器视觉是人工智能的一个分支，用机器代替人工来做检测和判断，具有检测速度快、精度高、无疲劳等优点。智能装备团队与黄岩企业合作研究开发基于机器视觉的检测设备，如柑橘罐头喷码缺陷检测设备、内翻口软包装检测、外翻果冻杯软包装检测设备、橘瓣分拣设备等，进入工厂生产线，通过该类设备，可有效降低柑橘罐头生产检测所需人工，为罐头产品的品质保驾护航。

4.其他柑橘罐头加工设备

（1）柑橘罐头中心温度无线测定设备。在罐头杀菌过程中，中心温度是衡量罐头是否杀菌完全的重要一环，无线中心温度测定仪可将罐头中心温度信息通过无线窄带实时传出。无线中心温度测定仪采用了基于扩频技术的远距离传送技术、中继系统、无线充电，非接触开关等技术。无线扩频技术保证信号传送的距离和稳定性；非接触开关和无线充电技术使温度测定装置保持密闭，也提高了设备的使用寿命；无线中继装置可将在杀菌装置中发出的微弱无线电波信号经过放大后传送到较远的接收装置，该设备实现了罐头中心温度的即时检测，保证罐头产品杀菌有效性。

（2）低温等离子体降解农残、废水COD设备。低温等离子体是一种新型的氧化技术，可产生高能电子辐射、湿式氧化、化学氧化、光催化氧化等多种物化反应，应用于柑橘罐头降低农药残留和罐头加工废水的处理等方面有较好的效果。柑橘罐头经低温等离子体发生装置处理15分钟，产品中多菌灵含量可降低90%以上，且对产品品质无影响；采用低温等离子体对酸碱脱囊衣废水处理15分钟，可降低COD含量80%以上，由于低温等离子体产生的高能气体半衰期较短，在水体和产品中没有残留，该装置可为柑橘罐头产业的良性发展提供保证。

第二节　综合利用

黄岩柑橘加工除主产品罐头与果汁及砂囊外，经综合利用还可产生精油、果胶、黄酮等加工副产品。

一、果胶提取

果胶作为一种天然提取物，在食品加工中具有良好的胶凝、增稠、稳定、乳化和悬浮等功能。世界上所有国家都允许在食品中使用果胶，如联合国粮农组织（FAO）、世界卫生组织（WHO）、食品添加剂联合会及我国的食品添加剂法规都把果胶列为不受添加量限制的食品添加剂。

果胶在植物体内一般以不溶于水的原果胶形式存在，在果蔬成熟过程中，原果胶在果胶酶的作用下逐渐分解为可溶性果胶，最后分解为不溶于水的果胶酸。在生产果胶时，原料经酸、碱或酶处理，在一定的温度条件下分解，形成可溶性果胶，然后在果胶液中加入酒精或多价金属盐类，使果胶沉淀析出，经漂洗、干燥和精制而成商品。

盐析法果胶提取工艺流程如图13-10所示。

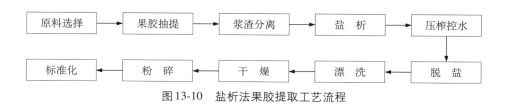

图 13-10 盐析法果胶提取工艺流程

二、精油提取

宽皮柑橘精油的提取，目前国内在生产上应用的方法主要有：直接压榨法、石灰浸泡压榨法和水蒸气蒸馏法三种。此外，有超临界法、溶剂萃取法等，但由于设备投资大、生产成本高等原因，在实际生产上几乎很少应用。

直接压榨法是以强大压力压榨柑橘皮，使其油细胞破裂，导致精油与皮汁一起射出，通过离心分离而得到精油。用此法榨取晚熟系温州蜜柑鲜皮的得油率为0.3%左右，香气接近鲜橘果香，颜色浅黄色。该法虽简单易行，油质好，但是对柑橘皮油的提取不够彻底，得率较低。压榨后的残渣仍可用于水蒸气蒸馏法提取到部分柑橘油。目前直接压榨法多采用三辊式压榨机，辊轮的转速和间距可以根据柑橘皮原料的差异进行微调。

石灰浸泡法为目前黄岩柑橘生产上常规使用的方法。通过将新鲜柑橘皮用一定浓度的石灰水浸泡后，经漂洗去碱液，然后用辊式或螺旋式压榨机压榨出水油混合物，经过滤后、高速离心分离后得到橘皮精油粗品。比直接压榨法出油率提高35%～40%。用此法榨取温州蜜柑鲜皮的得油率为0.5%左右，椪柑、槾橘等品种可达1%左右。但碱性石灰水的排放会造成环境污染，废水处理成本较高。

水蒸气蒸馏法是利用温度升高和水分的侵入，使油胞胀破，通过水蒸气将油分带出来再经冷凝、分离、收集制得。该法设备简单、产量大，且一般压榨法得到的皮渣，也可再通过水蒸气蒸馏提取残留的橘油。而且得油率比直接冷榨法高，与石灰浸泡法相当。但是需较大的能耗，同时由于高温蒸馏，造成香气成分的热分解、水解、氧化、异构化，从而使油质明显下降，精油香气差。

目前，浙江省柑橘研究所研发出一套新型精油提取专利技术（ZL 2007 1 0070266.3），已逐步开始推广，新工艺改良的关键点是利用氯化钙代替石灰对柑橘皮进行硬化处理。该工艺不但能够提高油质，还能缩短浸泡时间、减少碱性污水排放，而且不影响对橘皮中的果胶类物质的后续提取，其具体工艺流程如图13-11所示。

三、其他生理活性物质提取

柑橘加工废料（果皮、肉渣、种子）约占果实重量的50%，在这些废料中绝大多数营养成分，特别是蛋白质的含量显著高于果汁。其中柑橘皮约占整个果重的25%左右，因此柑橘果皮的综合利用对提高柑橘加工厂的经济效益和减少污染、保护环境都是十分有利的。

除了在柑橘皮中提取精油与果胶之外，其他功能性物质，如类黄酮、柠檬苦素等含量也比较高。柑橘属中类黄酮含量非常丰富，易于分离，具有独特的药理学作用。在成熟的柑橘果实之中，类黄酮在果皮、果肉、果核中含量较高，而在果汁中含量较低，仅占全果的1%～5%，这样柑橘经过榨汁之后，剩余的下脚料可以被综合利用，其综合利用方式之

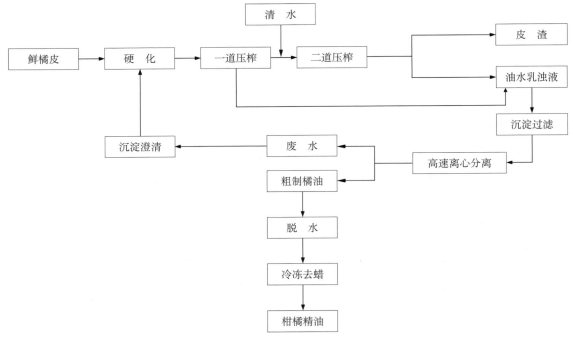

图13-11　柑橘精油提取工艺流程

一是用于提取类黄酮等天然活性物质。国际上，对不同柑橘品种中的60多种类黄酮的提取、纯化及结构测定进行了研究，现在已转向对类黄酮的药理学以及其他应用方面的研究。而在我国，这方面研究还不多，许多加工下脚料未得到综合利用，因此深度开发柑橘中极其丰富的类黄酮资源，研究其生理及药理学作用，对于柑橘深加工及其在医药、食品领域的应用，具有重大经济效益和社会效益。

（方修贵　曹雪丹　张　俊　黄洪舸　吴永进　赵　凯）

第十四章
蜜 橘 文 化

第一节　黄岩的橘俗文化

黄岩的柑橘习俗也是丰富多彩、积淀深厚的。在漫长的岁月中，橘农们不但积累了丰富的种植经验，还形成了以祈福禳灾为主要内容的种橘习俗。2009年，黄岩种橘习俗已列入台州市第三批非物质文化遗产名录。

一、间间亮

每年正月十四夜，整个"橘乡"万灯竞放，除了举行橘花灯会外，城里每间房屋，都要点灯火；城外每片橘林，也都要点燃红烛，远远看去，烛光连成一片。这种风俗，橘乡称为"间间亮"。据传起于明朝，而且与戚继光抗倭有关。有一年正月十四日，民族英雄戚继光在海边打垮了一股倭寇，倭寇因无船出海，只得向内地溃窜。逃到黄岩时，已经天晚，正如丧家之犬，到处乱窜。有的躲进橘林，有的闯进民房。戚继光率军赶到，兵士和百姓一道，点灯燃烛，搜索残敌。顿时，县城内外，每间房屋，每片橘林，灯火辉煌。百姓们高兴地称为"间间亮"。后寓意为"用满地光和烟，将柑橘虫魔驱走"。正月半点间间亮，橘园里插烛点香。在橘园树根旁、房前屋后等点上一支香一支烛，祈盼橘树无虫害，结橘大而多。

二、放橘灯

元宵节放橘灯在黄岩至少有一千年的历史。相传宋高宗避难于台州章安，船泊金鳌山下。时值正月元宵，当时永宁江上有两艘贩橘航船，直犯御舟，问之，乃贩橘者。高宗尽数买之，散于禁卫，然后令食瓤取皮为碗，贮油其中，点灯随潮放之。橘灯如数万点红星浮漾海面，蔚为壮观。自此以后，水上放橘灯风俗传为美谈，一直延续到1949年。每年正月十五晚，永宁江（澄江）上都要举行"放橘灯"活动，黄岩城里的男女老少倾城而出，沿江鞭炮不绝，鼓乐喧天，各种杂技、百戏，应有尽有。人们把橘子的上端剥开一小部分，取出橘肉，在橘壳中倒进芯油，放上一小根油带或灯芯草，点上火，橘壳中就会发出红光。橘灯制作好后，等夜幕降临，集中放到灯船上，灯船慢慢撑到永宁江（澄江）中心，把千万盏各色各样的橘灯都放到江面上，任它们随风漂浮。江面异彩纷呈，五光十色，十分好看。两岸观光的人欢声雷动。太婆们则喃喃念经，祈求佛祖保佑家中幸福，蜜橘丰收（图14-1）。

图14-1　放橘灯（黄岩博物馆提供）

三、打橘生

一是祈求橘神赐子。正月半元宵节那晚，一些妇女悄悄约好到结橘最多而偏僻的橘林中去"打生"，一妇女手执橘枝去打另一妇女，边打边问："会生吗？会生吗？"受打的妇女尽管含羞，但一定要答话："会生的！会生的！"民间流传"打生歌"如下：结橘树下夜初更，女伴相邀去打生；勿管旁人来笑话，有生有生叫连声。二是给橘树打生。一般有两个人，其中一人拿木棒或锄头等拍打结果少的橘树树干，并连声吆喝"生不生""生不生"，另一人连声代答"生""生"，一呼一应：生多少？千箩万担！结果翌年橘果真的增多了。其中道理等同于现在的环割技术。

四、供橘福

在农历十月半，柑橘收成后，人们就拿黄鱼、猪肉、豆腐、糕等四盘头，到橘园里，根据橘园的朝向，以放在北头朝南方，前面再放三盅酒，然后烧香点烛供拜田头神官叫做橘福，感谢田头神官赐给今年柑橘的好收成，并祈求来年再获柑橘丰收。同时要点三冲双响炮仗，意指"碰，彭（碰），树生扒（多）。"清代嘉庆、道光年间，施彬《摘橘诗》中"平皋晚稻罄登场，小雪村边摘橘忙；竞赛园婆烧短纸，姑苏卖价视多昂？"就是一幅"供橘福"图。

五、做橘保

这是橘村一年中的大典。每年四五月间，柑橘刚结果时，村头摆起香案供奉神位，家家户户的供桌相连摆成一字长蛇阵，各户的供品放在桌上，杯盘相接热气氤氲。法鼓金铙、香烟缭绕。道士全身披挂，戴道冠，穿法衣，一手拿手炉，一手执桃木剑，口中念念有词，焚奏折于天，祈求天下风调雨顺，虫口勿生，结果累累。

六、请令旗

碰到柑橘病虫害滋生的年头，橘村的善男信女到开口岩天蓬元帅府请令旗。天蓬元帅是《西游记》中的猪八戒。大哥孙行者号称齐天大圣，西乡富山南镇顶有他的行宫，管的是兴风行雨；二弟猪八戒却在橘村开口岩管除虫灭害。过去在橘林梢头可以看到扎着三角形的小红旗，就是天蓬元帅府请来的令旗。

七、抛红橘

新春、新婚、新房常行抛橘抛馒头。黄岩的民间视橘为吉祥物，橘子除作为皇家祭祀和供奉祖宗祭品外，新屋上梁、新婚拜堂、春祭等喜庆都要例行"抛橘抛馒头"，盘上盛着五色果、橘、馒头、方糕一类抛掷于堂前，小孩满地抢橘和馒头。并且"朱红"以其绚红艳丽多子而最受欢迎，近年以满头红、"439"橘橙最受欢迎。

八、插山灯

此习俗流传于澄江凤洋一带。每年正月元宵，夜幕降临，凤洋村的青壮年就相约从家里出发，提上灯笼、菜油灯，挑着25千克大小不同的蜡烛，兵分五路，按原先看好的路线将蜡烛从大到小插在山地上。插满蜡烛的地方面积约9亩，远远看上去就像一个红艳艳的桃子（或"心形"）。村里的男女老少一起观赏美景，一起祈祷风调雨顺，国泰民安。（"桃"谐"逃"，诺大的"桃子"在燃尽后一齐消失，暗示着虫魔鬼怪见了火光都"逃之夭夭"了，表达了人们对五谷丰登、橘树结满硕果的企望。

第二节　蜜橘与观光

一、黄岩柑橘节

柑橘节是黄岩传统的节庆活动，每年11月，是蜜橘飘香的季节，四方宾客会聚黄岩，感受这一橘乡盛会的魅力。首届为1989年，正逢黄岩撤县设市，至2008年共举办了十届，2017年黄岩又举办了旅游柑橘节。柑橘节是黄岩一项重大的政治、经济、文化活动。以柑橘为媒、文化搭台、经济唱戏到蜜橘观光、三产融合、乡村振兴。历届黄岩柑橘节都记录了橘乡黄岩快速的发展历程。每一届黄岩柑橘节都紧扣主题，如2005年第九届柑橘芦柑橘博览园建成；2008年第十届柑橘节中国柑橘博物馆落成（图14-2）；2017年则是"旅游＋柑橘"，全域旅游成为主题。

图14-2　邓秀新院士在第十届柑橘节上为中国柑橘博物馆揭幕

柑橘节的节目精彩纷呈，既有观橘、尝橘、游园、展销、论坛等柑橘行业方面的，也有专场文艺演出、民间文艺演出、书画摄影展览、体育竞技比赛等活动，更有企业订货会、汽车展销会、物资交流会以及最近的万人游橘乡旅游大会（图14-3，图14-4）。可以说连续举办柑橘节

图14-3　花　车

图 14-4　花　车

对黄岩的知名度、美誉度及经济发展起了很大的推动作用。近 3 年来，黄岩区推出了相约四方客，橘乡休闲游，上海等大中城市的游客纷至沓来，特别对黄岩的蜜橘观光游起了关键的作用。据统计，2015—2017 年，以蜜橘为主题的观光游从 2015 年的 2 万人增加到 2017 年的 20 万人，前景广阔。

二、柑橘博览园

柑橘博览园始建于 2005 年，当时又称柑橘观光园。园区位于黄岩蜜橘的发源地——永宁江两岸的断江、山头舟、凤洋、新界一带，总面积 5 000 亩。柑橘博览园是一个开放式的主题公园，是黄岩区政府重点打造的大型田园综合体，是集蜜橘栽培、蜜橘采摘、文化展示、休闲观光为一体的 3A 级旅游风景区（图 14-5）。

园区离城区 8 千米，交通便捷，有黄长线、黄长复线、82 省道、绿道及永宁江游船抵达。园内设施齐全，有仿古木桥、咏橘碑林、橘神雕塑、柑橘博物馆、黄岩名人馆、黄岩中小学素质教育基地、跨江景观人行桥、沿江绿道、观景台、演艺广场、民俗村落、柑橘品种园、采摘园、小吃广场等设施。

作为 3A 级的柑橘主题观光园，目前是浙江省唯一的一个，柑橘博览园区位优势得天独厚，中干渠、永宁江两大黄岩母亲河穿园而过，南有黄岩松岩山风景区、北有黄岩划岩山风景区，西连黄岩西部环长潭湖风景区，是黄岩各条旅游线路必经的黄金节点。4～5 月可以感受万亩橘林橘花香雪海，9～12 月是采橘游的旺季，漫步永宁江绿道，九曲澄江如练、夹岸橘林似锦，体味一年好景君须记，最是橙黄橘绿时的美好意境。

2018 年，柑橘博览园将扩展到江北区块，新建了橘源路，沿路建成现代化的高科技柑

图14-5   黄岩柑橘博览园

橘基地，并规划橘子酒店等大型配套设施，目标是打造4A级旅游风景区，成为我国最富特色的黄岩蜜橘主题公园。

三、中国柑橘博物馆

中国柑橘博物馆2005年奠基，2008年落成，占地35亩，建筑面积8 000米^2。她是中国最大的柑橘产业的文物史料收藏、展示、保护、研究和教育中心，是中国柑橘文化的展示窗口（图14-6，图14-7）。博物馆同时兼具专业性、科学性、民族性、趣味性、交互性，以明确的主题、鲜明的个性、通俗易懂的语言、先进的设计、新颖的手段，使博物馆陈列展厅成为一个"可观、可听、可触、可嗅、可动"的学习园地。同时使博物馆与其所在地的柑橘博览园的环境相协调，内部构架与空间设计与旅游观光相结合，让不同层次的参观者在中国柑橘博物馆内能领略到柑橘发展的丰富内涵和橘文化的博大精深。中国柑橘博物馆由主题展厅6个、临时展厅1个、嘉树苑1个及附属设施共同构成，以形象表现中国数千年柑橘文明的发展之路和丰富内涵，符合知识循序接受原则，尊重人们对知识的选择性需求。在展示手段上，强调新技术的应用，以形成设计亮点。

展厅分设：序厅、橘之源、橘之属、橘之文、橘之事、橘之缘。

中国柑橘博物馆已成为黄岩橘文化展示与蜜橘生产的重要平台，每年举办的橘花节、采摘节等活动受到各界的好评与民众的参与，有效提高了黄岩的知名度和美誉度。

2018年，为进一步发挥中国柑橘博物馆在文化传承中的作用，黄岩区投入1 000多万元对柑橘博物馆进行改造升级，邀请台湾设计团队设计，以现代互动模式融入美学展现，采

图14-6 黄岩柑橘始祖地纪念碑

图14-7 中国柑橘博物馆

用最新的声光电技术展览手段，以五感体验呈现柑橘文化及产业，各展厅分为知与感两区块，透过视觉、听觉、嗅觉、味觉、触觉了解柑橘的相关知识，感受橘文化深厚内涵与美好。重新建设的柑橘博物馆将成为我国一流的柑橘类专题博物馆。是黄岩对外宣传的一张金名片，将成为蜜橘观光的特色亮点。

四、贡橘园

贡橘园项目是黄岩蜜橘产业和城市休闲观光有机融合的田园综合体。项目位于黄岩南城街道蔡家洋村，柑橘园面积2 000亩，是高标准优质黄岩蜜橘基地，柑橘品质优良，亩产值达万元，仅仅基地产品销售产值达2 500多万元。由于贡橘园与黄岩主城区相接，交通便利、环境优美，基地内有永丰河、东南中泾穿行，贡橘园环水而建，园中有河，河中有橘，道路水系发达，成为市民休闲和游客观光的好去处（图14-8）。

图14-8　贡橘园效果图

总体布局：一心二环五区。

一心：以3棵百年老橘树为核心区，打造贡橘园入口区块。引入百年橘树、千年橘乡、中华橘园的理念，营造橘乡风情节点。

二环：园区主道路环线与沿河绿道环线，新建丰立路与金带路与新建永丰河与东南中泾绿道完善主体道路与水系系统。丰立路东西方向，东接劳动南路、西接二环西路，金带路南北方向，北起104线放射线、南接十沙线及规划中的文化路。永丰河连接高桥南城西城与西江接，是黄岩主河道，东南中泾与永丰河及西江相连，形成橘乡完整水系。

五区：农业景观区、田园休闲区、橘园生产区、生活居住区、乡村社区服务区等。

（龚洁强　王立宏）

黄岩蜜橘产业的转型之路

——传承历史，裂变发展，再创辉煌

"九曲澄江如练，夹岸橘林似锦"。适宜的自然条件，悠久的栽培历史，优良的品种，先进的培植技术，积极的市场理念，是黄岩蜜橘得以驰名海内外的重要原因。改革开放以来，全国各地柑橘生产发展很快，柑橘由过去的特产水果变为我国南方的第一大水果，黄岩蜜橘面临着严峻的挑战。

在中国柑橘产业供给侧结构性改革新时期，如何认清形势，把握机遇，把振兴发展黄岩蜜橘作为重要工作来抓，进入新时代，黄岩蜜橘产业振兴拉开了序幕，吹响了新的前进号角。

一、编制柑橘产业可持续发展新规划

组织编制《黄岩蜜橘十年发展规划（2017—2026年）》《黄岩区永宁江两岸柑橘产业保护和开发利用规划》《黄岩贡橘园规划》3个柑橘产业规划。《黄岩蜜橘十年发展规划（2017—2026年）》旨在推进黄岩柑橘产业的品种良种化、产品优质化、生产服务信息化、作业机械化、投入品应用精准化、就农知识化、产销队伍组织化、果品品牌化，以技术和市场优势抵消土地资源、劳动力资源劣势，建设柑橘名品精品园、观光休闲园、文化博览园、蜜橘养生园等多功能增值化产业，以形成生态良性循环、景观优美、功能多样、效益显著和可持续发展的新型柑橘产业体系，为黄岩实现"产业兴旺、生态宜居、乡风文明、治理有效、生活富裕"的乡村振兴战略服务。

《黄岩区永宁江两岸柑橘产业保护和开发利用规划》，立足永宁江水脉和柑橘文脉资源，明确"中华橘源，一脉相承"，对接《黄岩蜜橘十年发展规划（2017—2026年）》振兴黄岩蜜橘的战略和打造"中华橘源、山水黄岩"的全域旅游目标，推进黄岩蜜橘产业的保护开发利用。重塑浙江省千年品牌的柑橘产业发展高地，建设"中华橘源"柑橘主题田园综合体。

城市橘园《黄岩贡橘园规划》，打造蜜橘产业和城市休闲观光有机融合的田园综合体、城市橘园。以3棵百年老橘树为核心区，引入百年橘树、千年橘乡、中华橘园的理念，营造橘乡风情节点；园区主道路环线与沿河绿道环线，形成橘乡完整水系等。

图 15-1　现代农业示范园区——精品黄岩蜜橘基地

总体布局思路：一心二环五区。

一心：以3棵百年老橘树为核心区，打造贡橘园入口区块。引入百年橘树、千年橘乡、中华橘园的理念，营造橘乡风情节点。

二环：园区主道路环线与沿河绿道环线，新建丰立路与金带路与新建永丰河与东南中泾绿道完善主体道路与水系系统。丰立路东西方向，东接劳动南路、西接二环西路，金带路南北方向，北起104线放射线、南接十沙线及规划中的文化路。永丰河连接高桥南城西城与西江接，是黄岩主河道，东南中泾与永丰河及西江相连，形成橘乡完整水系。

五区：农业景观区、田园休闲区、橘园生产区、生活居住区、乡村社区服务区等。

二、引进推广国内外柑橘优新品种

引种高附加值、高糖度柑橘良种，增加黄岩蜜橘品种家族新成员，从宫川、大分、由良、红美人、鸡尾葡萄柚、沃柑等优良品种中按成熟期筛选，均衡黄岩柑橘早、中、晚熟期结构，延长优质果品的市场供应期。研究提升黄岩特色品种。黄岩本地早是近百年来黄岩人民最引以为傲的柑橘良种，选育本地早高糖株系，辅以"良种+良法"，提高本地早品质。

三、塑造黄岩蜜橘品牌

塑造黄岩蜜橘品牌发挥黄岩蜜橘地理标志的作用，推出黄岩蜜橘系列拳头产品。建设以黄岩蜜橘证明商标为母品牌、企业自有商标为子品牌的双品牌体系，做强黄岩蜜橘证明商标这个区域公共品牌，支持黄岩蜜橘的"蔡家洋""永宁""黄泥岗""快快来""金字山""香忆"等系列子品牌发展。

通过举办黄岩旅游柑橘节,农旅结合,合力助推柑橘产业发展;在北京、上海、南京、杭州等重要消费地进行黄岩蜜橘专题推介,参加各级农业博览会;邀请国内知名柑橘专家为黄岩柑橘产业振兴把脉,进一步扩大黄岩蜜橘的影响力;将柑橘博览园打造成4A级景区,提升黄岩蜜橘品牌知名度和美誉度。

四、培养专业橘农,推进产业化进程

鼓励柑橘园的适度规模经营,培育家庭生产规模不少于10~15亩的专业橘农(家庭农场),支持以改善品种改良、果园道路、排灌设施、采后处理设施、果园机械等新技术导入为主,通过产前引导、产中服务、采后处理、市场营销各环节的服务,培育对橘农有吸引力的产业化体系,形成"垄断的"品牌,有效推动产业发展;同时,着力培养黄岩籍大中专毕业生、35周岁以下的回乡创业农民等职业农民,为"农创客"当好"娘家人"。

五、提供产业发展保障机制

建立"柑橘产业振兴发展领导小组",负责部门协调、品质提升、品牌运作、市场营销等工作,制定黄岩蜜橘发展鼓励政策,将柑橘发展的任务列入综合目标考核;出台提升黄岩精品水果产业的扶持政策,鼓励发展柑橘良种和老橘园更新改造,扶持基础设施建设和技术推广;设立黄岩蜜橘产业发展专项资金,提供有力保障,对发展高糖柑橘良种、更新改造老橘园、推进柑橘发展等给予一定的补助。同时,以奖补形式扶持建设基础设施、商品化处理设施、保鲜冷库。每年安排一定资金用于黄岩蜜橘品牌宣传、地理标志证明商标的使用管理和品牌创建等,力争通过5年努力,全力提振黄岩蜜橘产业,把黄岩打造成蜜橘产业的科技高地、文化高地、市场高地。

(黄继根 王立宏 徐建国)